非常实用！
Excel 2013
高效应用
从新手到高手

全彩图解
视频版

启典文化 编著

中国铁道出版社
CHINA RAILWAY PUBLISHING HOUSE

内 容 简 介

本书共 15 章，将全书内容划分为行业知识、使用技巧和实战演练 3 个部分。其中，第一部分主要介绍 Excel 2013 的使用原则、规范和注意事项等，偏重于使用和实用经验的介绍；第二部分主要介绍如何使用最简单的操作来实现最实用的功能；第三部分是使用 Excel 2013 中最常用和最实用的方法来制作较为完整的商务表格或系统。

通过本书的学习，读者不仅能学会 Excel 软件的各种实用技巧，而且能够学会从哪些方面入手做出好的、专业的 Excel 文件，从而达到从 Excel 使用新手晋升为高手的目标。

本书主要定位于希望快速掌握 Excel 2013 办公操作的初、中级用户，特别适合不同年龄段的办公人员、文秘、财务人员、公务员。此外，本书也适用于各类家庭用户、社会培训学员使用，还可作为各大中专院校及各类电脑培训班的办公教材使用。

图书在版编目（CIP）数据

非常实用！Excel 2013 高效应用从新手到高手：全彩图解视频版 / 启典文化编著. — 北京：中国铁道出版社，2015.5

ISBN 978-7-113-20009-1

Ⅰ．①非… Ⅱ．①启… Ⅲ．①表处理软件 Ⅳ．①TP391.13

中国版本图书馆 CIP 数据核字（2015）第 036860 号

书　　名：非常实用！Excel 2013 高效应用从新手到高手（全彩图解视频版）
作　　者：启典文化　编著

策　　划：武文斌　　　　　　　　　　　　读者热线电话：010-63560056
责任编辑：王　宏　　　　　　　　　　　　编辑助理：刘建玮
责任印制：赵星辰　　　　　　　　　　　　封面设计：多宝格

出版发行：中国铁道出版社（北京市西城区右安门西街 8 号　邮政编码：100054）
印　　刷：中国铁道出版社印刷厂
版　　次：2015 年 5 月第 1 版　　　　2015 年 5 月第 1 次印刷
开　　本：710mm×1 000mm　1/16　印张：18　字数：312 千
书　　号：ISBN 978-7-113-20009-1
定　　价：49.80 元（附赠光盘）

在商务办公中，制作各种商务表格的首选软件通常是Excel，它几乎可以用来完成日常商务办公中的所有表格制作、数据计算、管理与分析等工作。为了让更多的用户学会使用Excel软件来快速、有效、专业地制作出各种常用的商务表格。我们精心策划并编写了本书。

内容导读

本书共15章，分为3个部分，其中：

第一部分包含第1章~第5章，主要介绍Excel 2013的使用原则、规范和注意事项等，偏重于使用和实用经验的介绍。

第二部分包含第6章~第12章，主要介绍如何通过使用Excel软件简单、高效地实现表格的制作、数据的计算、管理和分析等。

第三部分包含第13章~第15章，主要介绍如何综合、巧妙地利用Excel 2013制作与设计各种商务表格的效果。

主要特色

本书由经验丰富的Excel专家精心策划与编写，其主要特色如下。

◎巧妙实用、简洁清晰

本书讲解的内容都是商务办公中非常实用和常见的表格，具有相当强的实用性和代表性，而且操作巧妙、简单。在讲解方式上，全书采用全程图解的方式，在操作步骤中，利用对应的编号，将操作内容和该操作在图上的位置进行逐一对应，使整个操作步骤更清晰、直观，从而让读者可以更加轻松地学习和掌握相关知识。

◎内容丰富、眼光独到

本书包括167个技巧、3个大型案例，更有TIP栏目来进行知识的扩展补充。所以从知识量上来说，本书内容充实、丰富；从编写角度来说，本书对知识的见解和使用眼光独到。这在本书3个部分的内容中都有所体现。

前言 FOREWORD

◎视频讲解、物超所值

　　本书配套光盘中提供了约150分钟的多媒体教学视频文件，这些文件包括本书综合案例的视频教学版，以及额外附赠的同类相关综合案例的教学视频，让读者换一种全新的方式，轻松高效学习，同时也作为对本书内容讲解的补充和完善。

　　此外，光盘中还免费赠送了大量专业、实用的Excel模板文件，读者稍加修改即可制作出所需要的表格。

适用读者

　　本书主要定位于希望快速掌握Excel 2013办公操作的初、中级用户，特别适合不同年龄段的办公人员、文秘、财务人员、公务员。此外，本书也适用于各类家庭用户、社会培训学员使用，也可作为各大中专院校及各类电脑培训班的办公教材使用。

　　由于编者经验有限，加之时间仓促，书中难免会有疏漏和不足之处，恳请各位专家和读者不吝赐教。

编　者

2015年1月

本书导读

第一部分：介绍制作经验和理念，教会您使用好Excel。

LESSON 1.3 你真的会用这个功能吗——排序功能

排序能让表格中的数据变得有条理，但在使用该功能前，用户需要知道它能实现什么样的效果，它有哪些规则，它对哪些结构的表格不工作等，这样才能够游刃有余地使用它。

1.3.1 排序后能获得哪些数据

排序其实就是对某组数据进行自定义顺序的排列，如升序是让数据由小到大排列，降序则恰好相反，而自定义排序则可以按照用户指定顺序排列。

如图1-17所示的是对旗舰店数据进行升序排列效果。如图1-18所示的是按照部门进行自定义排序效果。

上半年地板材质销售统计

图1-17 旗舰店数据进行升序排列效果　　图1-18 按照部门进行自定义排序效果

1.3.2 掌握不同数据类型的排序原则

提出制作经验和理念
提出在制作Excel时需要注意的各种规范问题及使用规则。

详细介绍
总述如何制作好Excel的一些行业经验或者制作理念。

第二部分：以"编号索引+图解操作+TIP栏目"的方式，为您详解实用技巧。

LESSON 9.4 财务函数的应用技巧

财务函数，顾名思义就是用来计算与财务金钱有关的函数。除了一些常用的函数外，这里再介绍几个实用的财务类函数，帮助用户更好地计算工作中的财务数据。

技巧 094 快速计算投资现值

在商务活动中，会经常计算投资现值，如计算投资项目的收益值、理财的未来收益等。用户可使用PV()函数来快速计算并得出结果，其快速操作如下。

1 选择"PV"选项
❶选择目标单元格，❷在"公式"选项卡中单击"财务"下拉按钮，❸选择"PV"选项。

2 设置函数参数
打开"函数参数"对话框，分别设置相应的参数，按【Enter】键确认。

3 查看计算结果
返回工作表中即可查看使用PV()函数计算的结果。

TIP PV()函数的使用
PV()函数专门用于计算投资现值或未来收益值。它的语法结构为：PV(rate,nper,pmt,[fv],[type])，其中rate表示年利率，若用户要按照月进行计算则要将它除以12，nper表示投资期限，默认的单位为年，fv表示最后一次付款后希望得到的现金余额，是可选参数，type表示各期的付款时间是在期初还是期末，数字0表示期初或1表示期末。

编号索引
将技巧以编号索引的方式通编，以方便读者快速定位和搜索查询。

图解操作
通过操作步骤的方式讲解图解技巧的实现过程。

TIP栏目
指明该技巧应该注意的事项或相应的操作技巧以及相关知识的链接使用。

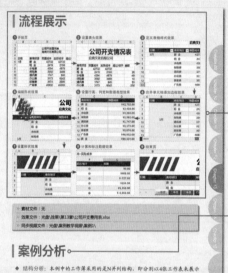

流程展示

详细展示整个案例的制作流程及效果展示。

案例分析

具体分析案例制作的结构、内容和风格。

◆ 素材文件: 无
◆ 效果文件: 光盘\效果\第13章\公司开支费用表.xlsx
◆ 同步视频文件: 光盘\案例教学视频\案例1\

案例分析

◆ **结构分析:** 本例中的工作簿采用的是N并列结构, 即分别以4张工作表来展示不同季度的预算成本和实际成本。

◆ **内容分析:** 本工作簿中的主体内容部分是①~④, 它们彼此呈并列关系, 用户在实际制作过程中, 可随意更改制作的工作簿的任意过程, 但前提是能对本书的知识点熟悉掌握, 这样更适合用户的操作习惯。

同类拓展

针对本例开支数据, 还可使用类似如下的几种风格表格样式, 来展示和分析数据。

≫ 效果文件: 光盘\效果\第13章\家庭每月报销报站.xlsx

同类拓展

通过综合案例的拓展制作过程, 展示制作的其他效果、风格, 为读者提供更多的选择。

≫ 效果文件: 光盘\效果\第13章\家庭数据预算.xlsx

CONTENTS

目录

第 1 章 别说你懂Excel

第 2 章 让你的表格更专业

目录 CONTENTS

第 3 章 这样使用图片、文本框、SmartArt、形状、艺术字图形对象更合理

第 4 章 管理和计算数据要遵守这些规则

CONTENTS

第 5 章　这样使用图表更加合理

第 6 章　Excel基础操作技巧

目录 CONTENTS

第 7 章　工作簿中数据的编辑技巧

第 8 章　设置表格样式及格式化的技巧

CONTENTS

第 9 章　数据计算的常用技巧

第 10 章　管理表格数据的技巧

目录 CONTENTS

第 11 章 巧妙分析数据的图表技巧

第 12 章 使用数据透视表分析数据的技巧

CONTENTS

第 13 章　账务管理：公司收支情况表

第 14 章　资产管理：固定资产管理系统

目录 CONTENTS

第 15 章 业务分析：季度业务分析

CHAPTER 01

别说你懂Excel

本章导读

用户要想学会灵活自如地使用Excel，就需要先了解它——知道它有哪些个性、特点和规则以及它的最佳学习方式和技巧。

客户名称：

序号	商品编码	品牌	商品名称
1	2003004	索尼	DSC-HX9
2	2003002	索尼	DSC-HX5C

	材质类型	旗舰店	晶华
2			
3	复合	900	65
4	塑胶	1050	130
5	瓷砖	2000	150
6	大理石	3000	381
7	实木	5420	435
8			

	C	D	
	售出日期	销售价格	
	2015/4/17	¥ 2,520.00	
	2015/4/20	¥ 15,020.00	
	2015/6/19	¥ 15,020.00	
	2015/4/9	¥ 16,020.00	
	2015/6/7	¥ 16,520.00	
	2015/4/24	¥ 40,020.00	

	A	B	C
2	部门	姓名	第1季
3	销售部1	张佳	138
4		张炜	114
5	销售部2	杨娟	140
6		薛敏	112
7		杨诚	130

1 2 3		A	B
	2	姓名	第1周
	3	丁海天	¥ 20,469.
	4	丁海天 汇总	
	5	薛 敏	¥ 3,228.
	6	薛 敏 汇总	
	7	刘 云	¥ 9,060.
	8	刘 云 汇总	

	产品名称	售
2		
3	智能手机	
4	智能手机	2
5	智能手机	2
6	智能手机 汇总	2
7	小型数码相机	2
8	小型数码相机	2

本章要点

- Excel怎么学、怎么用
- 最高效的表格制作流程
- 排序功能
- 筛选功能
- 条件格式功能
- 分类汇总功能
- 最实用的工作簿使用原则

LESSON 1.1 Excel怎么学、怎么用

Excel是一款非常强大而实用的办公软件。用户在学习该软件前，要先清楚了解这款软件——它能做什么、用于哪里、特长是什么，然后再开始学习和使用，也就是人们常说的：要知其然，还要知其所以然。

1.1.1 什么是Excel

用户在学习Excel时，不要有任何惧怕，只要掌握了一些学习思路和技巧，就能很快入门并掌握它。用户可参考下图来简单认识Excel 2013，如图1-1所示。

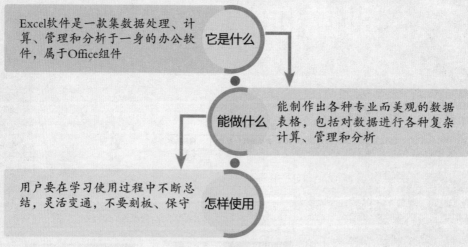

Excel软件是一款集数据处理、计算、管理和分析于一身的办公软件，属于Office组件　　**它是什么**

能做什么　　能制作出各种专业而美观的数据表格，包括对数据进行各种复杂计算、管理和分析

用户要在学习使用过程中不断总结，灵活变通，不要刻板、保守　　**怎样使用**

图1-1　了解Excel 2013

1.1.2 商务应用，Excel强在哪里

◆ **基本电子表格功能**：Excel 2013可以帮助您更迅速地构建专业级的电子表格，并且大大扩增了行列方面的处理能力，计算速度更快，改进了公式创建功能，并增加了新的图库和样式模板。

◆ **增强的制图和打印输出**：Excel 2013利用新的制图引擎，使我们能够制作专业外观的图表和图形。这些改进大大改善了打印效果，可以让我们共享重要报表里面的分析结果。

◆ **商业智能分析功能**：Excel 2013可以连接到企业数据，并且保持电子表格和后

台数据源之间的持久连接。这样不仅便于利用最新信息来更新Excel工作表的数据，而且能够在Excel里面深入分析更详细的信息。

1.1.3 Excel其实也要设计

在商务办公中，用户所制作的表格，不仅能够用来处理数据，还要有美观的样式，这就意味着，用户要对表格进行"化妆"，如字体、字号、对齐方式、底纹、边框等的设置，这样才能体现出表格的专业性。图1-2所示的是表格设计前后的对比效果。

图1-2 表格设计前后效果对比

除了对数据样式进行适当的设计外，数据的结构也要经过一定的设置，图1-3所示的就是不同数据结构的数据透视表样式。

图1-3 不同数据结构的安排效果对比

1.1.4 数据不用表格也能处理

Excel软件有三大看家本领：计算、管理和分析数据，所以用户没有必要提到表格就用Excel来设计制作，如只需对数据进行展示或是不需要再对其进行数据添加或删改等，在Word中也可以现实。图1-4所示为在Word中展示项目进度数据。

图1-4 Word中的数据展示

Chapter 01

Chapter 02

Chapter 03

Chapter 04

Chapter 05

Chapter 06

Chapter 07

Chapter 08

1.1.5 哪些类型的数据用Excel处理最方便

　　Excel是专门用于制作表格和处理数据的软件，使用它可以对数据进行繁杂的计算、管理和分析等，也就是说，用户若需要进行复杂数据的计算、管理、分析甚至预测等，这时使用Excel处理就是最方便的，如图1-5所示。

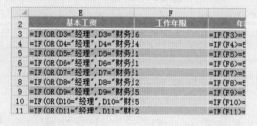
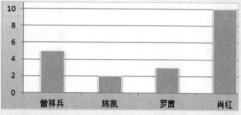
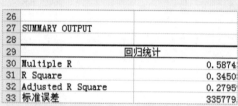

图1-5　方便Excel处理的数据类型

1.1.6 Excel在商务办公领域的应用

　　Excel在商务办公中应用范围较广，所以人们称它为商务办公的好帮手。下面就分别介绍几种Excel在商务办公应用的常见领域。

行政人事

　　公司的行政人事人员担负着很重要的流通、出入、文件、会议、人事调动、绩效考核等管理工作，因为需要处理太多繁杂的事务，容易一不小心就捡了这头丢了那头。如果将Excel运用到工作中，就会发现原来制作员工绩效考核表、培训意见调查表、文件编码登记表等都不是难事，而且员工的考勤、借阅、入职、离职等数据都可以被很智能化地查询，大大降低了工作的难度。

运营生产

　　企业的生产管理机构履行着制订生产计划、进行生产效率和工作量分析、控制和安排生产进度等重要职责。用Excel可以实时填写数据并快速整理成数据表，同时Excel提供了众多分析工具，您可以对其进行分析预测。这些都可以为公司的投入产出提供依据，并且及时掌握供需关系，明确各阶段生产计划。

财务会计

早期的财务工作，都是人工手动进行的，不仅效率低，而且容易出错。而随着Excel的出现，财务会计工作就实现了自动化。目前，财务会计人员常用Excel审核原始凭证、编制记账凭证、结账、编制会计报表等，进行查账审计、结算员工工资、分析利润、盘点资本交易等财务控制，以及实际运用建立模板应用和分析。

工程应用

Excel内置的数学、财务、统计、工程等300多种函数，模拟运算表、方案管理器、规划求解和数据分析等多种分析方法和分析工具，再加上自Excel 97版本后引入的VBE，共同将Excel构建成了功能强大的计算分析与开发平台，对工程技术、经济管理甚至数学、物理、化学、建筑等领域的科研人员都非常有用。工程师们利用Excel将很容易完成非常冗长的计算过程及相关工作。

投资预算

实际上，Excel应用于投资预算也得从财务函数入手，因为Excel涵括的多种财务函数将为您进行本量利分析和经营决策提供最大方便。比如，您可以用年金相关函数来计算资金的时间价值，建立长期借款分析基本模型以及模拟运算表分析模型等；如果您要对租赁筹资与借款筹资进行衡量，则可以建立方案比较分析模型。

销售统筹

如今的销售系统已不仅是简单的销售产品和开拓市场，它还包括企业全部的经济活动，贯穿了企业文化、产品设计、生产、营销等诸多环节。利用Excel的数据分析和管理功能，可以帮助您筛选销售数据、分析销售前景；利用Excel的图表与数据展示功能将您的数据、您所想的变成所见的，实时展示给客户及上司，增强说服力；或者利用数据透视表快速分析出向高层汇报的信息，把复杂的表格数据简单化。

LESSON 1.2 最高效的表格制作流程

用户要制作出专业严谨的表格，不能随心所欲地操作，也不能想到哪里就做到哪里。它有一定的流程，这样才能保证表格的严谨、美观、高效。下面就介绍最高效制作表格的流程。

1.2.1 确定主题

在制作表格前，用户需要确定表格的主题，用来确定表格的性质、用途和方向，这样才能有的放矢。图1-6所示为家电销售主题的表格。

图1-6 确定表格主题

1.2.2 数据收集

表格主题一旦确定下来，用户就可以根据主题来收集数据，如自己记录的数据、网上的数据等（无论用户是通过哪种渠道收集数据，都要保证数据的准确性）。

1.2.3 选择表格结构

要想让表格表达出更全面的信息，增加表格的可读性，可对表格的结构进行安排。在Excel中的表格结构可分为：常规二维型、横向型、纵向型和复杂型。下面就对这4种结构和用途进行介绍。

◆ **常规二维结构表格**：它用于一般记录性的表格，如员工信息表、档案表、销售记录表等，所以它没有对比和参照的作用。图1-7所示为常规的二维结构表格在商务办公中的应用。

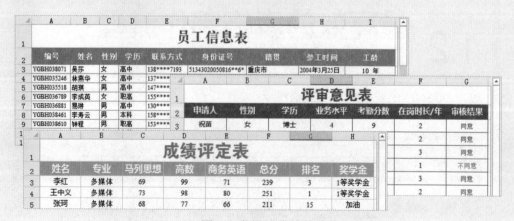

图1-7 常规二维结构表格

◆ **横向结构表格**：它一般用于同一数据在不同对象中的对比，如同一个产品在不同的店面、公司、生产线等的对比。图1-8所示为厕卫用品在不同生产线的生产状况的横向对比。

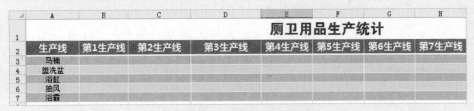

图1-8 横向结构表格

◆ **纵向结构表格**：它一般用于同一数据在不同的时间段中的对比，通常标题行都是表示日期或时间的数据。图1-9所示为纵向结构表格。

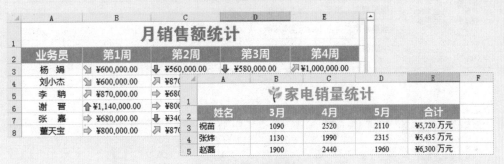

图1-9 纵向结构表格

◆ **复杂型结构表格**：它没有明显的规则，而且结构较为复杂。这类表格结构常用于单据、收费表等。图1-10所示为复杂型结构表格。

图1-10 复杂型结构表格

1.2.4 样式美化

在确定了表格的主题、结构后，整张表格的大体框架就已经完成了，这时还需要用户对其样式进行美化，使其美观好看，让阅读者愿意认真一读。

在Excel中，对表格进行样式美化的大体方法分为两种：手动和自动。其中图1-11所示为手动样式美化的前后对比。图1-12所示为套用系统表格样式美化表格前后的效果。

图1-11 手动设置表格样式前后的效果

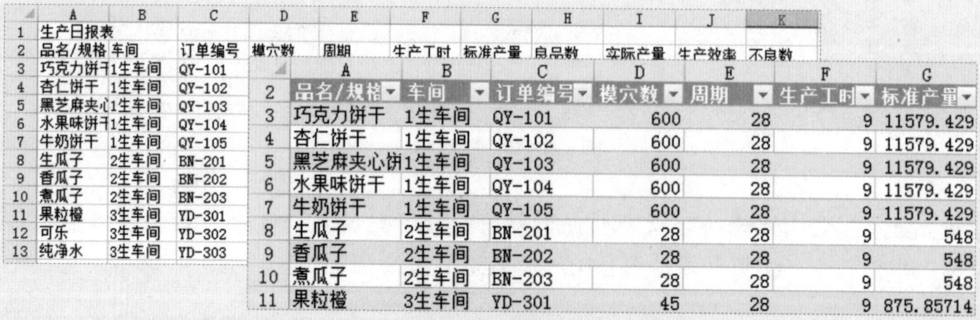

图1-12 自动套用表格样式前后的效果

1.2.5 打印设置

表格有两种存在方式：一是以电子表格方式保存在计算机中，二是将其打印成纸质表格用于传阅或存档。而对于一些特殊或重要的表格，则主要以第二种方式存在。

下面就介绍下在打印表格过程中，设置打印参数的几种特定方式。

◆ **在对话框中进行设置**：在"页面设置"对话框中进行打印参数的设置，如页面方向、边距的大小、打印的范围、横向标题、纵向标题、页眉页脚样式等，最后确认设置将其打印。图1-13所示为"页面设置"对话框。

图1-13 "页面设置"对话框

◆ **在"打印"界面中进行设置：** "打印"界面是在高版本的Excel中才出现的，用户可直接在其中进行相应参数的设置，而且能在其右侧的预览界面中直接查看打印效果。图1-14所示为"打印"界面。

图1-14 "打印"界面

◆ **在"分页预览"模式中设置：** 在Excel高版本中增加了分页预览功能，使用户不用再通过抽象的参数设置来判断打印设置后的效果是否合适，而可以直接通过简单的鼠标操作即可实现直观的设置。图1-15所示为"分页预览"模式中的设置。

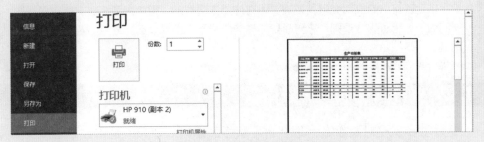

图1-15 "分页预览"模式中的设置

　　用户在设置打印参数时，可按照如图1-16所示的先后顺序进行设置，这样可避免一些无效的操作，从而提高工作效率。

图1-16 打印设置的常用顺序

LESSON 1.3

你真的会用这个功能吗——排序功能

排序能让表格中的数据变得有条理，但在使用该功能前，用户需要知道它能实现什么样的效果、它有哪些规则、它对哪些结构的表格不工作等，这样才能够游刃有余地使用它。

1.3.1 排序后能获得哪些数据

排序其实就是对某组数据进行自定顺序的排列，如升序是让数据由小到大排列，降序则恰好相反，而自定义排序则可以按照用户指定顺序排列。

如图1-17所示的是对旗舰店数据进行升序排列效果。如图1-18所示的是按照部门进行自定义排序效果。

材质类型	旗舰店	晶华店	双桥店	鸿鑫店
上半年地板材质销售统计				
复合	900	650	2100	1560
塑胶	1050	1300	850	2100
瓷砖	2000	1500	1400	1800
大理石	3000	3810	2740	1890
实木	5420	4351	4521	3845

图1-17 旗舰店数据进行升序排列效果

部门	成员	食宿补助	提成	基本工资
厂办	周莉莉	￥ 200.00	￥ 400.00	￥ 1,400.00
厂办	李洁	￥ 400.00	￥ 250.00	￥ 3,600.00
厂办	杨雨桐	￥ 200.00	￥ 150.00	￥ 1,600.00
厂办	设计部	￥ 200.00	￥ 100.00	￥ 2,000.00
行政办	王红霞	￥ 200.00	￥ 100.00	￥ 2,000.00
行政办	张静	￥ 200.00	￥ 410.00	￥ 1,400.00
行政办	张亚明	￥ 200.00	￥ 150.00	￥ 1,600.00
销售部	张飞	￥ 200.00	￥ 100.00	￥ 1,800.00

图1-18 按照部门进行自定义排序效果

1.3.2 掌握不同数据类型的排序原则

在Excel中数据类型较多，针对不同类型的数据进行排序，返回的结果是不同的，这是因为系统会根据数据类型来选择执行排序的规则。下面就对这些不同类型数据的排序规则进行介绍，如图1-19所示。

■ **数值类型排序原则**

直接按照数值的大小进行由小到大
的排列，如1,2,3…… 升序

降序 直接按照数值的大小进行由大到小
的排列，如10,9,8……

■ **文本类型排序原则**

直接按照英文字母的顺序进行顺序
的排列，如A,B,C…… 升序

降序 直接按照英文字母的顺序进行倒序
的排列，如Z,Y,X……

■ **日期时间类型排序原则**

直接按照日期时间的顺序进行顺
序的排列，如7月1日,7月2日,7月3
日…… 升序

降序 直接按照日期时间的顺序进行倒序
的排列，如7月31日,7月30日,7月29
日……

■ **混合类型排序原则**

系统会自动按照从左到右对数据进
行相应的升序排列，并按照相应的
规则排序。 升序

降序 系统会自动按照从左到右对数据进
行相应的降序排列，并按照相应的
规则排序。

图1-19 数据类型的排序原则

1.3.3 如果要排序，表格结构有限制

数据排序除了对不同类型的数据按照不同的排序规则外，还对表格结构有一
定的要求，也就是说一些表格不能正常地进行排序并进行报错。下面分别对其进
行介绍。

◆ 在标题中有合并单元格或多级标题的情况时，将不能正常进行排序并报错，
如图1-20所示。

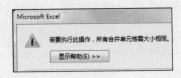

C	D	季度	E	F	G 上半年总销量
第一季度	第二季度	第三季度	第四季度		
252	352	147	300		1051
153	452	325	265		1195

图1-20 合并单元格标题行的排序错误

◆ 在排序行或列中存在合并单元格时，导致单元格大小不同而无法正常排序，如图1-21所示。

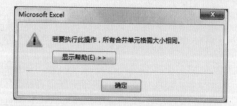

图1-21 合并单元格列的排序报错

◆ 在数据主体中存在合并单元格时，如汇总行等，系统也不能对其进行正常排序，如图1-22所示。

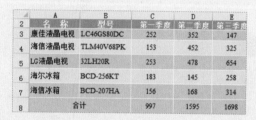 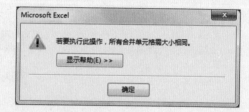

图1-22 在表格末行出现合并单元格排序报错情况

◆ 在复杂的表格结构中，排序功能也不能正常进行工作，而且还会弹出错误提示对话框，如图1-23所示。

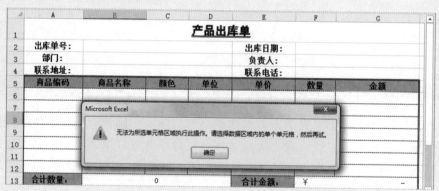

图1-23 复杂单元格中不能正常排序而报错的情况

◆ 表格中没有任何合并单元格或多级标题，又不是复杂表格结构时，这时可能由于用户的操作失误而造成排序报错，如未选择有效的数据单元格。

LESSON 1.4

你真的会用这个功能吗——筛选功能

筛选，顾名思义就是将那些不符合要求的数据漏掉或隐藏，而将符合要求的数据留在表格中显示。这很像农家中用于筛米的筛子，将颗粒小的碎米筛出，而将颗粒大的米粒留在筛子里。

1.4.1 正确理解数据筛选功能是“偷懒”工具

筛选能从较多或庞大数据中过滤出符合条件的数据，所以它的对象最好是庞大数据，而对于数据较少的表格，一般很容易查看或找出相应的数据，就没有必要使用该功能。图1-24所示的表格就完全没有必要使用筛选功能来查找数据。

	A	B	C	D	E	F	G	H
2	部门	姓名	第1季度	第2季度	第3季度	第4季度	总销售额	
3	销售部1	张佳	138	120	122	128	508	
4		张炜	114	117				
5	销售部2	杨娟	140	100				
6		薛敏	112	110				
7	销售部3	杨诚	130	104				
8		赵琳	140	125				
9		柳慧	133	111				

	A	B	C	D	E	F	G
1	单号	入库日期	供应单位	商品编码	商品名称	颜色	单位
2	XJ-R0400	2013/4/5	JX电器公司	SH-103R	按摩器	/	台
3	XJ-R0401	2013/4/6	JX电器公司	BCD-215KJZF	冰箱	红色	台
4	XJ-R0402	2013/4/7	KT电器公司	QHZB1281	洗衣机	银色	台
5	XJ-R0403	2013/4/8	JZ电器有限公司	KLV-42EX410	电视机	黑色	台
6	XJ-R0404	2013/4/9	JZ电器有限公司	KFR-72LW	空调	银色	台
7							
8							

图1-24 简单数据排序效果

1.4.2 筛选数据的实质是什么

在Excel中筛选数据的方式可分为多种，如自定义筛选、快速筛选、多字段筛选以及模糊筛选等，但它们都有两个完全不变的实质。下面分别进行介绍。

◆ 筛选数据是将符合条件的数据显示出来，将其他的不符合条件的数据隐藏起来，但数据源没有改变，如图1-25所示为自定义筛选效果，用户可以看出其中的隐藏行。

	A	B	C	D	E
2	单号	入库日期	供应单位	商品编码	商品名称
3	XJ-R0400	2015/4/5	JX电器公司	SH-103R	按摩器
6	XJ-R0403	2015/4/8	JZ电器有限公司	KLV-42EX410	电视机
9	XJ-R0406	2015/4/14	CX电器有限公司	KFR-35GW	空调
10	XJ-R0407	2015/4/15	JX电器公司	SR-DH152	电饭煲
11	XJ-R0408	2015/4/15	JZ电器有限公司	BCD-290W	冰箱
12	XJ-R0409	2015/4/17	CX电器有限公司	DE12G11	豆浆机
13	XJ-R0410	2015/4/21	KT电器有限公司	MYR928S-W	饮水机
14	XJ-R0411	2015/4/22	KT电器有限公司	YH-506C	按摩器
15	XJ-R0412	2015/4/23	CX电器有限公司	RT2105	电磁炉
16	XJ-R0413	2015/4/26	JX电器公司	DJ11B-D30D	豆浆机
17	XJ-R0414	2015/4/27	JZ电器公司	SR-DE153	电饭煲
18	XJ-R0415	2015/4/28	JX电器公司	WS12M468TI	洗衣机
19	XJ-R0416	2015/4/30	CX电器有限公司	RT2104	电磁炉

图1-25 自定义筛选数据效果

◆ 无论采用何种筛选数据的方式，它们的过程都是不变的。图1-27所示就是筛选的一个整体过程示意图。

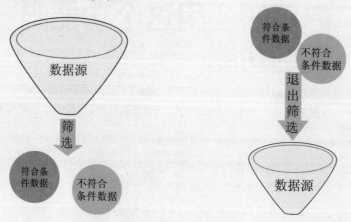

图1-26 筛选的过程

1.4.3 筛选数据后能获得哪些数据

在表格中进行筛选后，能获得哪些数据，这完全取决于用户设置的筛选条件，图1-27所示为包含一百多条数据的销售数据表格。通过不同的筛选条件就能获得不同的结果数据，效果如图1-28所示。

	A	B	C	D	E	F	G
2	产品名称	地点	售出日期	销售价格	售出数量	销售金额	
3	小型数码相机	一门市	2015/4/17	￥ 2,520.00	7部	￥ 17,640.00	
4	数码单反相机	二门市	2015/4/20	￥ 15,020.00	8部	￥ 120,160.00	
5	光电发射机	三门市	2015/6/19	￥ 15,020.00	6部	￥ 90,120.00	
6	智能手机	四门市	2015/4/9	￥ 16,020.00	6部	￥ 96,120.00	
7	平板电脑	五门市	2015/6/7	￥ 16,520.00	7部	￥ 115,640.00	
8	短脉冲激光器	一门市	2015/4/24	￥ 40,020.00	9部	￥ 360,180.00	

图1-27 原始数据表格

■ **按门市进行筛选**

	A	B	C	D
2	产品名称	地点	售出日期	销售价格
3	小型数码相机	一门市	2015/4/17	￥ 2,520.00
8	短脉冲激光器	一门市	2015/4/24	￥ 40,020.00
27	平板电脑	一门市	2015/4/24	￥ 15,020.00
45	光电发射机	一门市	2015/4/9	￥ 68,020.00
64	数码单反相机	一门市	2015/4/9	￥ 16,520.00
70	光电探测仪	一门市	2015/6/19	￥ 68,020.00
89	相机配件	一门市	2015/4/24	￥ 20,020.00
103				
104				
105				
106				

■ **按日期进行筛选**

	A	B	C	D
2	产品名称	地点	售出日期	销售价格
5	光电发射机	三门市	2015/6/19	￥ 15,020.00
7	平板电脑	五门市	2015/6/7	￥ 16,520.00
9	相机配件	二门市	2015/6/18	￥ 50,020.00
11	小型数码相机	四门市	2015/6/14	￥ 68,020.00
16	短脉冲激光器	五门市	2015/6/19	￥ 15,020.00
18	光电探测仪	三门市	2015/6/7	￥ 16,520.00
20	光栅	五门市	2015/6/18	￥ 40,020.00
24	数码单反相机	三门市	2015/6/19	￥ 40,020.00
26	智能手机	五门市	2015/6/7	￥ 2,520.00
28	短脉冲激光器	二门市	2015/6/18	￥ 15,020.00

图1-28 数据筛选返回的数据效果

■按售出数量进行筛选

B	C		D	E	销售
地点 ▼	售出日期 ▼		销售价格 ▼	售出数量 ▼	¥
五门市	2015/6/18	¥	40,020.00	10部	¥
二门市	2015/6/18	¥	15,020.00	9部	¥
三门市	2015/6/7	¥	2,520.00	10部	¥
二门市	2015/6/14	¥	16,520.00	9部	¥
四门市	2015/6/18	¥	68,020.00	9部	¥
四门市	2015/6/7	¥	50,020.00	10部	¥
四门市	2015/6/14	¥	30,020.00	9部	¥
五门市	2015/6/7	¥	50,020.00	10部	¥
四门市	2015/6/14	¥	15,020.00	9部	¥
六门市	2015/6/14	¥	2,520.00	10部	¥

■按销售额进行筛选

	A	B	C		D
2	产品名称 ▼	地点 ▼	售出日期 ▼		销售价格 ▼
11	小型数码相机	四门市	2015/6/14	¥	68,020.00
47	平板电脑	三门市	2015/4/24	¥	68,020.00
48	短脉冲激光器	四门市	2015/6/18	¥	68,020.00
57	相机配件	五门市	2015/5/13	¥	68,020.00
68	短脉冲激光器	四门市	2015/5/13	¥	68,020.00
69	相机配件	五门市	2015/6/14	¥	68,020.00
77	相机配件	四门市	2015/6/7	¥	50,020.00
88	短脉冲激光器	五门市	2015/6/7	¥	50,020.00
99	飞秒激光器	三门市	2015/4/24	¥	68,020.00
103					

图1-28 数据筛选返回的数据效果（续图）

1.4.4 数据筛选条件的正确确定方法

在Excel中进行筛选条件的确定方法可分为两类：一是明确数据筛选，二是不明确数据筛选，也就是模糊筛选。下面分别对其进行介绍。

◆ **明确数据筛选**：明确数据筛选对于不同的数据类型意味着不同的含义，如图1-29所示。

数字数据	对数字数据进行筛选条件确定，只需设置明确的约束条件，如小于15 000的数据、大于20 000的数据等。
文本数据	对于文本数据进行条件确定，可将某类文本数据字段作为筛选的条件，如将人事部设为筛选的条件。
日期数据	对于日期数据进行条件确定，可直接将某一时间点作为筛选的界限，如将2015年10月1日以后的数据全部筛选出来。

图1-29 数据筛选返回的数据效果

◆ **不明确数据筛选**：它主要分为数据的包含筛选和模糊筛选两种形式，如图1-30所示。

包含筛选	它主要是用于泛滥查找，将包含这样的数据或字符的数据全部查找出来书，主要用于文本数据类型的筛选，如要将表格中的带有财务的数据全部筛选出来等。

图1-30 不明确筛选情况

Chapter 01
Chapter 02
Chapter 03
Chapter 04
Chapter 05
Chapter 06
Chapter 07
Chapter 08

模糊筛选 它要借助于通配符"*"和"?"。其中"*"使用频率最高，它表示任何字符，如要将带有洗发水字样的数据全部筛选出来，可设置不明确筛选条件为"*洗发水*"。

图1-30 不明确筛选情况（续图）

LESSON 1.5 你真的会用这个功能吗——条件格式功能

条件格式，顾名思义也就是为符合条件的数据进行格式的设置，使其突出显示出来。用户可使用该功能快速标识出相应的数据，方便查看。但用户在使用过程中要注意一些使用规则，以避免无意的错误，下面分别对其进行介绍。

1.5.1 条件格式的作用是什么

条件格式就是让表格中符合条件的数据以某种方式突出显示出来，让阅读者能在短时间内很快地注意到该数据，这就是条件格式的作用。

图1-31所示为表格中突出显示数据与没有突出显示数据的同一数据的设置效果，在吸引读者的眼球上的效果，大家一目了然。

	A	B	C	D
2	单号	入库日期	供应单位	商品编码
3	XJ-R0400	2015/4/5	JX电器公司	SH-103R
4	XJ-R0401	2015/4/6	JX电器公司	BCD-215KJZF
5	XJ-R0402	2015/4/7	KT电器公司	QHZB1281
6	XJ-R0403	2015/4/8	JZ电器有限公司	KLV-42EX410
7	XJ-R0404	2015/4/9	JZ电器有限公司	KFR-72LW
8	XJ-R0405	2015/4/12	KT电器有限公司	KDL-46EX520
9	XJ-R0406	2015/4/14	CX电器有限公司	KFR-35GW

	A	B	C	D
2	单号	入库日期	供应单位	商品编码
3	XJ-R0400	2015/4/5	JX电器公司	SH-103R
4	XJ-R0401	2015/4/6	JX电器公司	BCD-215KJZF
5	XJ-R0402	2015/4/7	KT电器公司	QHZB1281
6	XJ-R0403	2015/4/8	JZ电器有限公司	KLV-42EX410
7	XJ-R0404	2015/4/9	JZ电器有限公司	KFR-72LW
8	XJ-R0405	2015/4/12	KT电器有限公司	KDL-46EX520
9	XJ-R0406	2015/4/14	CX电器有限公司	KFR-35GW

图1-31 突出显示数据前后效果对比

用户除了使用相应的格式突出显示数据外，还可以通过使用数据条、色阶和图标集来直观地突出展示数据，如图1-32所示。

B	C	D
地点	售出日期	销售价格
一门市	2015/4/17	¥ 2,520.00
二门市	2015/4/20	¥ 15,020.00
三门市	2015/6/19	¥ 15,020.00
四门市	2015/4/9	¥ 16,020.00
五门市	2015/6/7	¥ 16,520.00
一门市	2015/4/24	¥ 40,020.00

D	E	F
销售价格	售出数量	销售金额
¥ 2,520.00	7部	¥ 17,640
¥ 15,020.00	8部	¥ 120,160
¥ 15,020.00	6部	¥ 90,120
¥ 16,020.00	6部	¥ 96,120
¥ 16,520.00	7部	¥ 115,640
¥ 40,020.00	9部	¥ 360,180

C	D
售出日期	销售价格
2015/4/17	¥ 2,520.00
2015/4/20	¥ 15,020.00
2015/6/19	¥ 15,020.00
2015/4/9	¥ 16,020.00
2015/6/7	¥ 16,520.00
2015/4/24	¥ 40,020.00

图1-32 直观条件规则展示数据

1.5.2 哪些场合可以使用条件格式

在表格中，用户可以在以下三种情况下使用条件格式：突出显示符合条件的数据、直观比较数据的大小、突出显示范围数据。下面分别对其进行介绍。

◆ **突出符合条件的数据**：它可以突出显示单一数据，也可以突出显示一定范围内的数据。图1-33所示为突出显示数值大于130并小于200的数据效果。

◆ **直观比较数据的大小**：使用条件格式中的数据条，直观地对比同列或同行的数据大小。图1-34所示为使用数据条直观对比销售额的大小的效果。

	A	B	C	D	E	F
2	部门	姓名	第1季度	第2季度	第3季度	第4
3	销售部1	张佳	138	120	122	1
4		张炜	114	117	126	1
5	销售部2	杨娟	140	100	124	1
6		薛敏	112	110	135	1
7		杨诚	130	104	125	1
8	销售部3	赵琳	140	125	106	1
9		柳慧	133	111	156	1

图1-33 突出显示数据效果

D	E	F	G
第2季度	第3季度	第4季度	总销售额
120	1220	1280	2758
1170	1260	1090	4660
1000	1240	125	3765
1100	1350	1000	4570
1040	1250	107	3697

图1-34 使用数据条对比数据大小

◆ **突出显示范围数据**：使用不同的色阶颜色来展示不同大小的数据范围，如数值在100~200用黄色突出显示、201~300用绿色突出显示、301~400用红色突出显示，如图1-35所示。

	A	B	C	D	E	F	G	H
2	部门	姓名	第1季度	第2季度	第3季度	第4季度	总销售额	
3	销售部1	张佳	69	60	61	64	254	
4		张炜	57	58.5	63	20	198.5	
5	销售部2	杨娟	70	50	62	62.5	244.5	
6		薛敏	56	55	67.5	50	228.5	
7		杨诚	65	20	62.5	40	187.5	
8	销售部3	赵琳	70	62.5	53	59.5	245	
9		柳慧	66.5	55.5	78	62.5	262.5	
10								

图1-35 使用色阶标志数据范围

1.5.3 要达到突出显示的目的，清晰最关键

在表格中要突出显示数据，就一定要做到显示效果突出，否则就没有达到最初的目的，该功能使用的意义也就不大。图1-36所示的相机配件数据就没有实现突出显示的目的。

	A	B	C	D
5	光电发射机	三门市	2015/6/19	¥ 15,020.00
6	智能手机	四门市	2015/4/9	¥ 16,020.00
7	平板电脑	五门市	2015/6/7	¥ 16,520.00
8	短脉冲激光器	一门市	2015/4/24	¥ 40,020.00
9	相机配件	二门市	2015/6/18	¥ 50,020.00
10	光电探测仪	三门市	2015/5/13	¥ 20,020.00
11	小型数码相机	四门市	2015/6/14	¥ 68,020.00
12	数码单反相机	五门市	2015/4/25	¥ 15,020.00

图1-36 没有达到突出显示数据的效果

在表格中要突出显示数据，可使用较为常用的反色方法来实现，也就是通过颜色的对比来实现突出数据，如冷暖色的对比、深色和浅色的对比等。图1-37所示为冷暖色来突出显示数据的效果。

产品名称	地点	售出日期	销售价格	售出数量	销售金额
小型数码相机	一门市	2015/4/17	¥ 2,520.00	7部	¥ 17,640.00
数码单反相机	二门市	2015/4/20	¥ 15,020.00	8部	¥ 120,160.00
光电发射机	三门市	2015/6/19	¥ 15,020.00	6部	¥ 90,120.00
智能手机	四门市	2015/4/9	¥ 16,020.00	6部	¥ 96,120.00
平板电脑	五门市	2015/6/7	¥ 16,520.00	7部	¥ 115,640.00
短脉冲激光器	一门市	2015/4/24	¥ 40,020.00	9部	¥ 360,180.00
相机配件	二门市	2015/6/18	¥ 50,020.00	7部	¥ 350,140.00

图1-37 使用冷暖色对比突出显示数据效果

LESSON 1.6 你真的会用功能吗——分类汇总功能

分类汇总能快速将表格中的同类数据进行归类，并以某种方式进行计算，快速实现数据的同类管理和分析，是管理数据的一把好手。下面就对分类汇总相关使用法则进行讲解，以帮助用户更好地使用该功能。

1.6.1 对数据进行归类操作的前提是什么

分类汇总是对同类数据进行某种方式的归类，但它又不能自动将同类数据放置到一起，需要用户手动进行分类（通常情况下使用的是排序功能）；否则分类汇总的效果将会让人大跌眼镜，而且是错误的。

图1-38所示为未对数据进行手动分类的汇总效果。图1-39所示为手动排序分类后的汇总效果。

	产品名称	售出日期	门市	售
3	相机配件	2015/4/9	六门市	
4	相机配件 汇总			
5	数码单反相机	2015/4/9	一门市	
6	数码单反相机 汇总			
7	平板电脑	2015/4/9	四门市	
8	平板电脑 汇总			

图1-38 未对数据进行分类的汇总效果

	产品名称	售出日期	门市	售
3	智能手机	2015/6/7	二门市	
4	智能手机	2015/4/24	二门市	
5	智能手机	2015/4/17	三门市	
6	智能手机 汇总			
7	小型数码相机	2015/4/17	一门市	
8	小型数码相机	2015/4/29	六门市	
9	小型数码相机 汇总			

图1-39 手动排序分类后的汇总效果

1.6.2 分类汇总对数据表格有什么要求

分类汇总除了要求用户对数据进行数据手动归类外，还对表格有两点要求：表格的标题行中不能有合并和空白的单元格，否则系统将弹出提示对话框告知用户无法进行分类汇总。

图1-40所示为标题行中包含空白单元格而不能正常进行汇总的情况。

图1-40 不能正常汇总的表格

但用户需要注意的是：千万不要理解为只要表格中包含空白单元格或合并单元格就不能进行正常分类汇总。下面通过图1-41来展示在表格中包含空白单元格和合并单元格时仍能进行汇总的表格。

■ 数据主体中包含空白单元格

	A 产品名称	B 售出日期	C 门市	D 售出数量
2	产品名称	售出日期	门市	售出数量
3	相机配件	2015/4/9	六门市	10部
4	数码单反相机	2015/4/9	一门市	8部
5	平板电脑	2015/4/9	四门市	7部
6	光电发射机		一门市	
7	短脉冲激光器	2015/4/9	三门市	7部
8	短脉冲激光器	2015/4/9	六门市	7部
9	智能手机	2015/4/17	三门市	7部
10	小型数码相机	2015/4/17	四门市	7部
11	光电探测仪	2015/4/17	六门市	3部

■ 数据主体中包含行合并单元格

	A	B	C	D
13		2015/4/24	三门市	10部
14		2015/4/24	四门市	6部
15	飞秒激光器	2015/4/25	三门市	6部
16		2015/6/18	五门市	6部
17		2015/6/18	六门市	6部
18		2015/4/17	三门市	9部
19		2015/5/13	五门市	6部
20	光电传感器	2015/5/13	六门市	9部
21		2015/6/14	二门市	9部
22		2015/6/14	四门市	9部

■ 数据主体中包含列合并单元格

	A	B	C	D
59	数码单反相机	2015/1/25	五门市	4部
60	数码单反相机	2015/4/29	六门市	4部
61	数码单反相机	2015/6/19	五门市	8部
62	相机配件	2015/6/7	六门市	10部
63	相机配件	2015/4/24	一门市	6部
64	小型数码相机	2015/4/17	一门市	7部
65	小型数码相机	2015/4/29	六门市	4部
66	智能手机	2015/4/17	三门市	7部
67	智能手机	2015/4/29	二门市	6部
68	智能手机	2015/6/7	二门市	6部
69		合计		289部

■ 数据主体中同时存在行和列合并单元格

	A	B	C	D
39		2015/6/14	二门市	5部
40		2015/6/14	六门市	6部
41		2015/6/18	二门市	6部
42		2015/6/19	一门市	3部
43		2015/4/29	二门市	10部
44		2015/5/13	三门市	10部
45	光栅	2015/5/13	六门市	10部
46		2015/6/18	四门市	6部
47		2015/6/18	五门市	10部
69		合计		289部

Sheet1 ⊕

图1-41 包含合并和空白单元格时仍可以汇总的表格

1.6.3 数据归类后能得到哪些信息

分类汇总后，用户除了可以直接查看不同数据的分类汇总情况，还能让系统分级显示不同的明细数据。

在Excel中分类汇总一般分为3个级别，当然数据越复杂分的级别就越多。下面分别对常用的3个分类汇总级别的明细数据进行展示和说明。

◆ **3级明细数据**：在一般的分类汇总表格中，3级明细数据是最细化的数据，也就是分类汇总后，直接看到的数据效果，如图1-42所示。

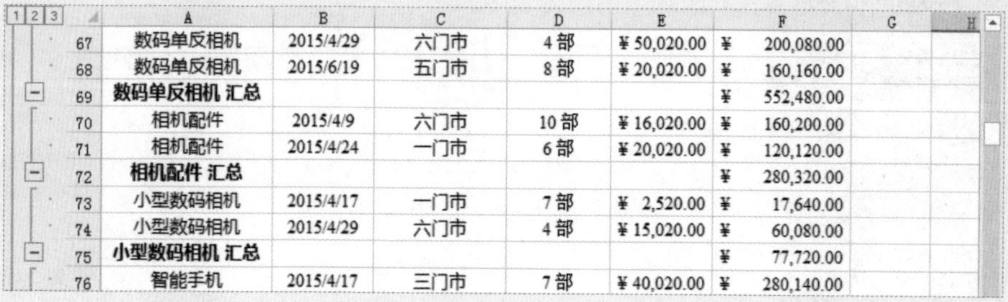

1 2 3	A	B	C	D	E	F	G	H
67	数码单反相机	2015/4/29	六门市	4 部	￥50,020.00	￥ 200,080.00		
68	数码单反相机	2015/6/19	五门市	8 部	￥20,020.00	￥ 160,160.00		
69	**数码单反相机 汇总**					￥ 552,480.00		
70	相机配件	2015/4/9	六门市	10 部	￥16,020.00	160,200.00		
71	相机配件	2015/4/24	一门市	6 部	￥20,020.00	120,120.00		
72	**相机配件 汇总**					￥ 280,320.00		
73	小型数码相机	2015/4/17	一门市	7 部	￥ 2,520.00	17,640.00		
74	小型数码相机	2015/4/29	六门市	4 部	￥15,020.00	60,080.00		
75	**小型数码相机 汇总**					77,720.00		
76	智能手机	2015/4/17	三门市	7 部	￥40,020.00	￥ 280,140.00		

图1-42 最详细的明细数据效果

◆ **2级明细数据**：它会将分类汇总的2级以下的明细数据全部折叠隐藏，只显示分类汇总的字段和汇总数据，如图1-43所示。

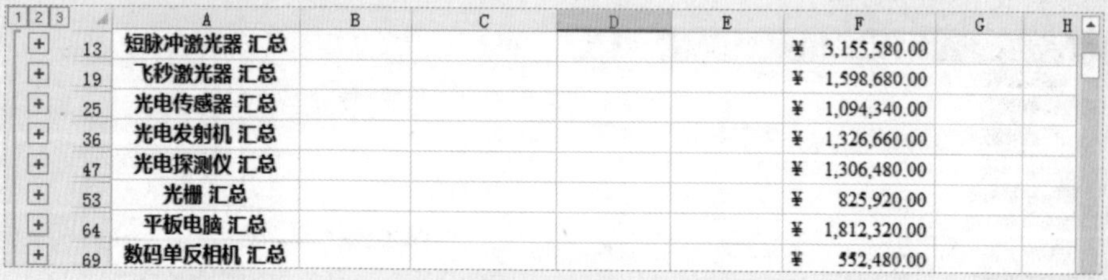

1 2 3	A	B	C	D	E	F	G	H
13	**短脉冲激光器 汇总**					￥ 3,155,580.00		
19	**飞秒激光器 汇总**					￥ 1,598,680.00		
25	**光电传感器 汇总**					￥ 1,094,340.00		
36	**光电发射机 汇总**					￥ 1,326,660.00		
47	**光电探测仪 汇总**					￥ 1,306,480.00		
53	**光栅 汇总**					￥ 825,920.00		
64	**平板电脑 汇总**					￥ 1,812,320.00		
69	**数码单反相机 汇总**					￥ 552,480.00		

图1-43 2级明细数据的展示效果

◆ **1级明细数据**：它会将分类汇总的1级以下的明细数据全部折叠隐藏，只显示分类汇总的总计字段数据，如图1-44所示。

1 2 3	A	B	C	D	E	F	G	H
2	**产品名称**	**售出日期**	**门市**	**售出数量**	**售出价格**	**合计金额**		
80	**总计**					￥ 13,018,880.00		
81								
82								
83								
84								
85								
86								

图1-44 1级明细数据的展示效果

1.6.4 汇总数据对分类字段有什么要求

分类汇总是对同一字段按照某种计算方式进行汇总，所以从定义上就可以知道，它是要对同类字段进行计算，所以字段下必须要有至少两个数据来参与计算，否则就没有任何意义。

图1-45所示的分类汇总就没有任何意义，因为表格中的字段下只有一个同类数据与不汇总的情况完全一样。

	姓名	第1周	第2周	第3周	第4周	合计
2	姓名	第1周	第2周	第3周	第4周	合计
3	丁海天	¥ 20,469.00	¥ 18,959.00	¥ 13,328.00	¥ 20,942.00	¥ 73,698.00
4	丁海天 汇总					¥ 73,698.00
5	薛 敏	¥ 3,228.00	¥ 25,288.00	¥ 16,748.00	¥ 14,035.00	¥ 59,299.00
6	薛 敏 汇总					¥ 59,299.00
7	刘 云	¥ 9,060.00	¥ 12,318.00	¥ 4,162.00	¥ 2,010.00	¥ 27,550.00
8	刘 云 汇总					¥ 27,550.00
9	姚启红	¥ 1,956.00	¥ 23,040.00	¥ 25,061.00	¥ 20,741.00	¥ 70,798.00
10	姚启红 汇总					¥ 70,798.00
11	张 娟	¥ 24,295.00	¥ 8,694.00	¥ 25,773.00	¥ 5,646.00	¥ 64,408.00

图1-45 没有效果的汇总数据

在分类汇总表格中是允许有少量几条字段有一个同类数据的情况，但最好少出现。

LESSON 1.7 最实用的工作簿使用原则

保护工作簿和共享工作簿是对整个工作簿的一个操作，而且也是最常用的操作之一，那么哪些工作簿需要为其设置密码保护，哪些工作簿可以进行共享，你知道吗？下面就分别来介绍。

1.7.1 哪些工作簿适合设置密码保护

为工作簿设置密码就等于为工作簿安装了一把锁，只有拥有密码的人员才能将其打开，这就意味着该工作簿限制打开，以达到保护整个工作簿中数据的目的。

在常见的办公中，有这样一些工作簿需要进行密码保护，如图1-46所示。

图1-46 常见的需要加密的工作簿

Chapter 01
Chapter 02
Chapter 03
Chapter 04
Chapter 05
Chapter 06
Chapter C7
Chapter 08

1.7.2 哪些工作簿适合进行共享

　　共享工作簿按范围可分为两种：本地区域中共享和网络共享。本地区域网共享也就是局域网中共享，实现多人协同办公，来提高工作效率。所以它属于内部共享，是较为安全的。

　　而网络共享是对网络中的所有人员共享，它有一定的风险，所以没有特殊情况时工作簿在网络中较少共享，主要是防止信息泄露而造成损失。

　　对于在局域网中进行共享的工作簿常见的有图1-47所示的工作簿。

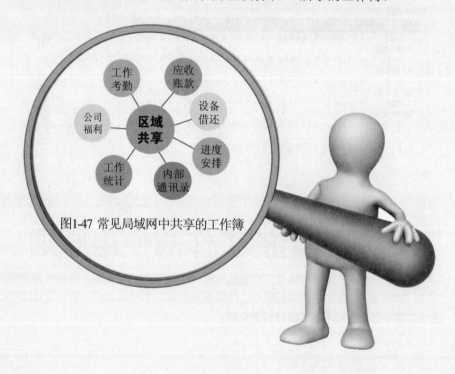

图1-47 常见局域网中共享的工作簿

CHAPTER 02

让你的表格更专业

本章导读

制作表格容易，但要制作出专业的商务表格却不易，因为其中有太多的讲究，而这些讲究就连一些所谓的高手也未必能清楚。在本章中将会对这些内容进行深度剖析，帮助用户快速掌握。

本章要点

专业数据的显示原则
用符号展示数据
表格布局原则
表格美化规则
透视表格的规范制作
色彩的基础知识

周四	周五	进度
50	48	■■■■■
45	48	■■■■■
50	50	■■■■■
35	48	■■■■
46	50	■■■■
46	50	■■■■

姓名	金额	销售金额	付款金
高原远		￥8,000.00	￥4,90
庞 飞		￥12,000.00	￥8,80
杨成才		￥16,000.00	￥12,00
曾晶晶		￥14,500.00	￥11,00
云 飞		￥13,000.00	￥10,00

参与的课程	学时
现代法语	3.0
理论物理	3.0
数学 1	4.0
数学 2	4.0
高级 Java 编程	5.0
西班牙语	3.0

项目成本的来源

项目任务
开发功能说明
开发系统体系结构
开发初步设计说明
开发详细设计说明
开发验收测试计划

1. 自我评估

个人成功标准
标准 1
标准 2
标准 3

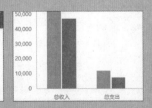

LESSON 2.1

专业数据的显示原则

使用Excel制作表格，不仅是在其中输入一些专业、准确的数据，还要让这些数据按照专业的方式显示，否则阅读者将会因不专业的显示方式而判断表格整体的不专业。下面就介绍Excel数据专业显示的一些常用原则。

2.1.1 完全展示表格中的数据

在表格中输入数据后，要让其完全展示出来，不能因为行高或列宽不够而将数据隐藏，更不能让其他对象遮挡关键重要的数据。

图2-1所示为因列宽不够而不能让数据完全显示。图2-2所示为因行高不够而让数据不能完全显示。图2-3所示为因图片、形状遮挡数据而不能完全展示。

	员工姓名	销售金额	付款金额	提成金额
3	文静	¥6,000.00	¥5,000.00	¥1,250.00
4	张炳	¥7,800.00	¥6,500.00	¥1,625.00
5	庞飞	#######	¥8,800.00	¥2,200.00
6	李想	¥9,800.00	¥9,800.00	¥2,450.00
7	李莉	¥9,600.00	¥8,000.00	¥2,000.00
8	云飞	#######	#######	¥2,500.00
9	曾晶晶	#######	#######	¥2,750.00
10	刘可心	#######	¥9,900.00	¥2,475.00
11	高原远	¥8,000.00	¥4,900.00	¥1,225.00
12	杨成才	#######	#######	¥3,000.00

图2-1 列宽影响数据完全显示

	A	B	C	D	E	F	G	H
2	使用和恢复使用记录					主		
3	停用			恢复使用		主体设备		
4	日期	凭证	原因	日期	凭证	名称摘要	计量单位	数量
5								
6								
7								
8	大修理记录							
9	日期	凭证	摘要	大修理费用				

图2-2 行高影响数据完全显示

	F	G	H	I	J	K	L	M
17								
18		名称	规格	原价	折扣	直降	现价	
19	[illegible]-1	皮肤爽滑粉	56ml	45	9.8折	¥0.90	¥44.10	
20	BSD-2	大宝BB霜	50ml	39	8.8折	¥4.68	¥34.32	
21	BSD-3	洁面乳	55ml	39	8.6折	¥5.46	¥33.54	
22	BSD-4	炫黑纤长睫毛膏	6.5ml	65	8.9折	¥20.50	¥44.50	
23	BSD-5	男士洁面霜	50ml	55	8.9折	¥6.05	¥48.95	
24	BSD-6	口红	7ml	39	8折	¥7.80	¥31.20	
25	BSD-7	炫色立体三色眼影	100ml	20	6折	¥8.00	¥12.00	
26	BSD-8	彩护滋养润唇膏	15g	19.9	5.6折	¥8.76	¥11.14	
27	BSD-9	超长卷翘睫毛膏	4.7ml	59	7.8折	¥12.9[illegible]	¥46.0[illegible]	
28	BSD-10	宝宝爽肤粉	9.2g	65	7.8折	¥14.3[illegible]	¥50.[illegible]	
29	BSD-11	微细纤维睫毛膏	2×5ml	139	8.8折	¥16.[illegible]	¥1[illegible]	

图2-3 图片、形状等对象挡住数据效果

2.1.2 表格中的数据一定要符合实际

用户在表格中输入的数据一定要符合商务办公的实际情况，下面对常用的情况进行列举。

◆ **数据大小符合实际**：在表格中输入数据一定要遵循实际的情况，不能主观臆断。如在制作员工工资表时，基本工资一定要符合当地的实际情况，如成都市的基本工资是1 250元，就不能人为设置为5 000元。

◆ **货币符号符合实际**：在为数据添加符号时一定要符合实际情况，如财务数据的货币符号一般都是人民币符号（￥），而不是美元（$）或欧元（€）等符号（当然特殊情况除外）。

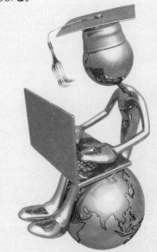

◆ **数据单位符合实际**：数据单位符合实际情况，如牛奶的数据单位，一般都是盒、瓶、件、箱等，就不能人为地加上块、吨、堆等。否则整张表格就会因为单位不对而被认为是不真实或不专业。

2.1.3 数据对齐方式的使用原则

在表格中对齐方式有3种：居中、左对齐和右对齐。而3种对齐方式并不是随意使用的，而是有一定的使用规则的。下面就分别对其进行介绍。

◆ **居中对齐使用规则**：通常对于字符宽度相同，或者字符宽度较小的数据，适当将其对齐方式设置为居中对齐，例如员工的等级评定、出差天数、加班工资等。另外，表格的标题和表头通常也使用居中对齐方式，如图2-4所示。

	A	B	C	D	E	F
1			**业务绩效表**			
2	姓名	第1周	第2周	第3周	第4周	合计
3	丁海天	￥ 20,469.00	￥ 18,959.00	￥ 13,328.00	￥ 20,942.00	￥ 73,698.00
4	薛敏	￥ 3,228.00	￥ 25,288.00	￥ 16,748.00	￥ 14,035.00	￥ 59,299.00
5	刘云	￥ 9,060.00	￥ 12,318.00	￥ 4,162.00	￥ 2,010.00	￥ 27,550.00
6	姚启红	￥ 1,956.00	￥ 23,040.00	￥ 25,061.00	￥ 20,741.00	￥ 70,798.00
7	张娟	￥ 24,295.00	￥ 8,694.00	￥ 25,773.00	￥ 5,646.00	￥ 64,408.00
8	霍丹丹	￥ 25,167.00	￥ 28,659.00	￥ 28,483.00	￥ 24,936.00	￥ 107,245.00
9						
10						

图2-4 表头和标题数据居中对其效果

◆ **左对齐方式使用规则**：数据开头（从左边起）部分有相同字符数据，而后面的数据不同，对于这样的一组数据就可以让其左对齐，从而方便对数据的对比和查看。图2-5所示为商务办公中可使用左对齐方式的数据。

图2-5 商务办公中常用左对齐的数据

◆ **右对齐方式使用规则**：右对齐方式通常用于处理表格中末尾几个字符相同的数据，例如财务的比率分析、百分比数据等。这种处理方式可以使整个表格在版式和数据排列上给人以视觉上的清晰感，如图2-6所示。

销售金额	付款金额	提成金额	付款比例	提成比例
￥8,000.00	￥4,900.00	￥1,225.00	61.25%	25.00%
￥12,000.00	￥8,800.00	￥1,144.00	73.33%	13.00%
￥16,000.00	￥12,000.00	￥1,560.00	75.00%	13.00%
￥14,500.00	￥11,000.00	￥2,970.00	75.86%	27.00%
￥13,000.00	￥10,000.00	￥2,500.00	76.92%	25.00%
￥6,000.00	￥5,000.00	￥900.00	83.33%	18.00%

图2-6 付款比例和提成比例数据右对齐

2.1.4 使用特殊效果突出强调数据

表格中要特别强调的一些数据，让阅读者一眼就能发现和记住它，可采用如图2-7所示的方法。

图2-7 突出强调数据的常用方法

要想让表格中的某个数据或某段数据突出强调的方法有很多，除了上述几种方法外，用户只要遵循图2-8所示的规律就能达到目的。

1 首行或首列的数据容易引起阅读者的注意，因为人们通常情况下的视角都是从上到下、从左到右。

2 特殊数据格式容易吸引阅读者的注意。

3 有一定规律性的数据，不仅能吸引阅读者的眼球，还能让那个阅读者容易记住。

4 有特殊背景色的数据，特别是背景色和数据颜色呈对比或反衬的效果，更容易引起注意和记住，达到突出强调的目的。

图2-8 突出强调数据的实用规律

2.1.5 数据引用的方式和规则

在Excel中数据的引用方式分为3种：相对引用、绝对引用和混合引用。主要用于计算中，不同的数据引用方式有不同的规则。下面分别对其进行介绍。

◆ **相对引用规则**：它是基于包含公式和单元格引用的单元格的相对位置，会随着单元格的位置改变而改变，如图2-9所示。

◆ **绝对引用规则**：它是基于包含公式和单元格引用的单元格的绝对位置，不会随着单元格的位置改变而改变，它的明显标志就是$，如图2-10所示。

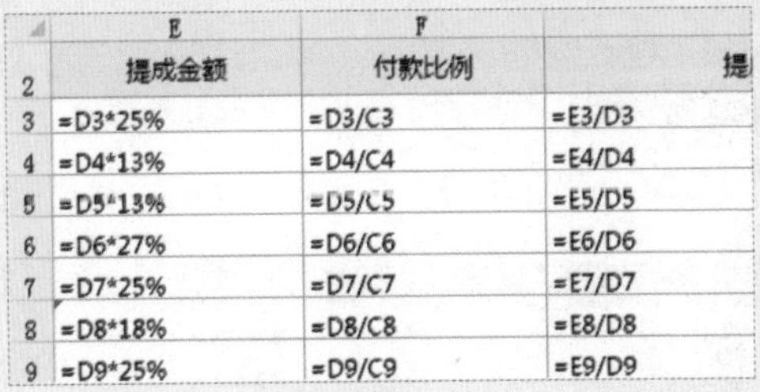

	E	F	
2	提成金额	付款比例	提
3	=D3*25%	=D3/C3	=E3/D3
4	=D4*13%	=D4/C4	=E4/D4
5	=D5*13%	=D5/C5	=E5/D5
6	=D6*27%	=D6/C6	=E6/D6
7	=D7*25%	=D7/C7	=E7/D7
8	=D8*18%	=D8/C8	=E8/D8
9	=D9*25%	=D9/C9	=E9/D9

图2-9 相对引用

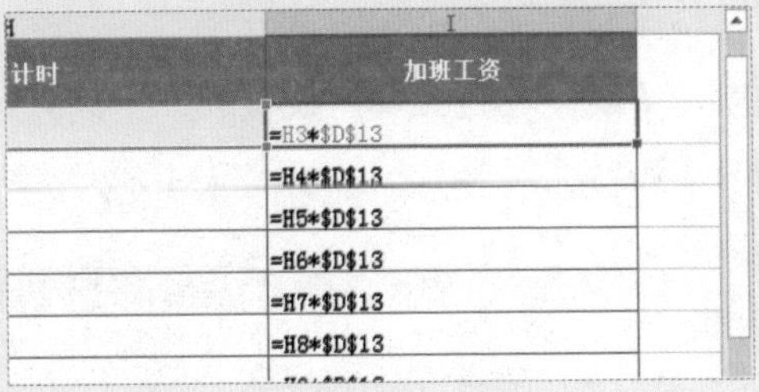

H	I
计时	加班工资
	=H3*$D$13
	=H4*$D$13
	=H5*$D$13
	=H6*$D$13
	=H7*$D$13
	=H8*$D$13

图2-10 绝对引用

◆ **混合引用规则**：混合引用具有绝对列和相对行，或是绝对行和相对列。简单说来就是相对引用与绝对引用的混合使用。

LESSON 2.2 用符号展示数据

在表格中不仅可以允许有数据，而且还可以允许使用一些符号来展示或替代数据，来调节表格的视觉效果，增强表格的趣味性。下面就分别介绍表格中使用符号展示数据的相关规则。

2.2.1 用一般符号替代描述的数据

所谓的一般符号，指的是常见的实物图，如时钟图、方向路标图、照相机图等，类似于小图标的符号。用户可在表格中使用这些符号来替代描述的数据，增加表格的直观性和趣味性，如图2-11所示。

图2-11 使用一般符号描述数据效果

2.2.2 用特殊符号替代描述的数据

所谓的特殊符号，并不是这些符号有多特别，而是它们存在于系统中，相对于其他数据较为特别，如星号、正确号、三角形等。图2-12所示为使用正方形块数来描述进度。

姓名	周一	周二	周三	周四	周五	进度
黄浩洋	46	54	52	50	48	■■■■■
孙超雷	50	50	57	45	48	■■■■■
张紫燕	50	52	48	50	50	■■■■■
蔡姝姝	45	50	40	35	48	■■■■
陈圆圆	50	49	39	46	50	■■■■
兰成勇	50	49	50	46	50	■■■■
李冰艳	50	48	49	48	50	■■■■
李明忠	57	40	38	46	50	■■■■

图2-12 使用特殊符号描述数据效果

LESSON 2.3 表格布局原则

要制作出专业的表格，除了从整体上选择表格结构外，对其中的表格组成元素的布局控制也相当重要，所以用户在对表格进行布局时，还要考虑下面这些布局原则。

2.3.1 表格标题需要遵循"二简"原则

表格标题是引导阅读者的导向标，直接影响表格主题的传达，所以用户在设置表格标题时，一定要简单明了，也就是要遵循"二简"原则——标题简练、内容简单。图2-13所示为遵循"二简"原则的普通二维表。

	销售提成统计表					
员工姓名	员工编号	销售金额	付款金额	提成金额	付款比例	提成比例
高原远	QD009	￥8,000.00	￥4,900.00	￥1,225.00	61.25%	25.00%
庞飞	QD003	￥12,000.00	￥8,800.00	￥1,144.00	73.33%	13.00%

图2-13 遵循"二简"原则的表格标题

2.3.2 边框线条应用场合和规则

在Excel中应用边框的场合有两种情况：一是数据记录较多，要分割这些数据方便查看；二是要求打印出来的表格有边框。

在Excel中应用边框时遵循这样的几个原则，如图2-14所示。否则用户设置边框样式就可能出现如图2-15所示的错误情况。

原则1
边框线的颜色要与表格的整体颜色相适应，不能让边框线显得特别的突兀。

原则2
内边框一般不适合使用较粗或双线条的边框样式。

原则3
内边框线条的粗细和颜色不能明显盖过外边框线。

姓名	周一	周二
黄浩洋	46	54
孙超霄	50	50
张紫燕	50	52
蔡姝姝	45	50
陈圆圆	50	49
兰成勇	50	49
李冰艳	50	48
李明忠	57	40
陶晶莹	38	68
杨利敏	38	45

图2-14 应用边框时应遵循的原则　　　图2-15 不合适的边框线条样式

2.3.3　哪些单元格适合合并

在Excel中有时需要将多个单元格进行合并，使表格整体协调、美观。那么哪些单元格适合合并，下面分别进行介绍。

◆ **表格表头**：一般情况下，表格的表头是整张表格的主题思想和中心意图，起到提纲挈领的作用，所以它常常被放置在表格的开始，并要求有一个能包含所有列的单元格来放置它，这时就需要将单元格合并。图2-16所示为合并前后的表头效果。

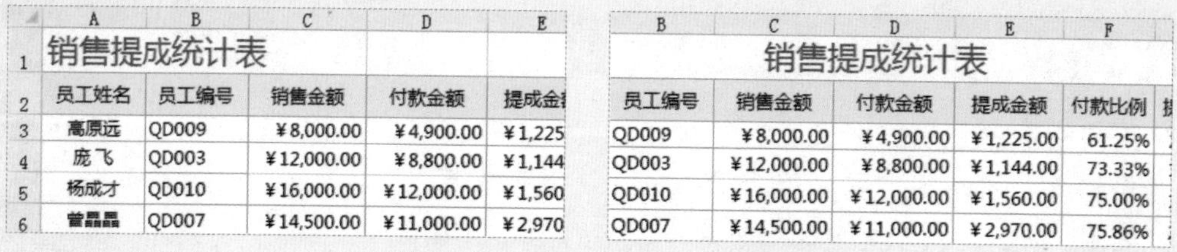

图2-16　合并表头的前后效果

◆ **多重标题**：在多级标题中需要按行对单元格进行合并，实现多重标题的样式，如图2-17所示。

◆ **输入长文本**：在一些表格中需要输入较长的文本来起到一些说明文字，这时需要将一些单元格进行合并，如图2-18所示。

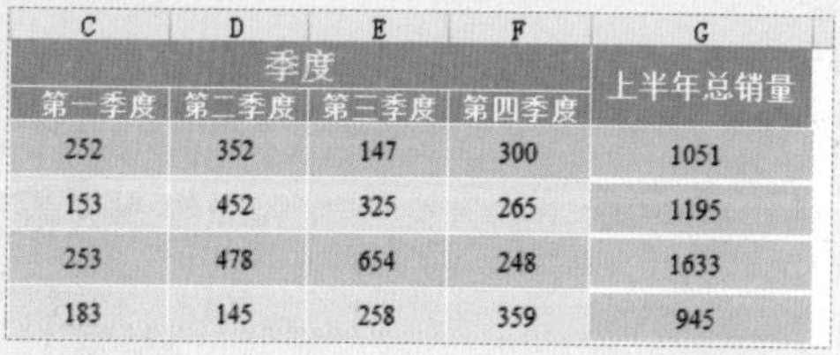

图2-17　多重标题的合并单元格应用

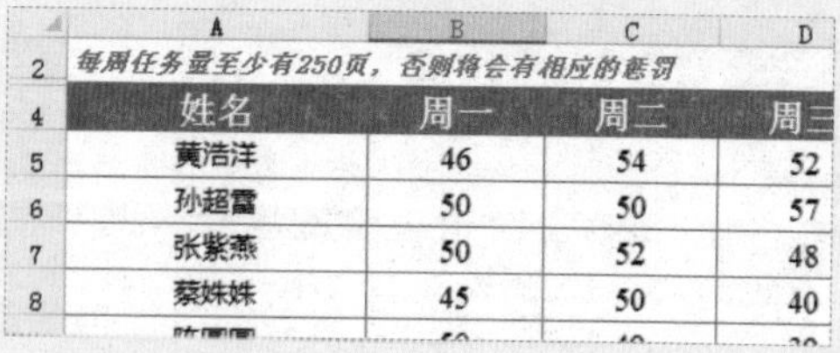

图2-18　输入长文本时需要合并单元格

2.3.4　常规表头和斜线表头的应用

在Excel中表头样式分为两种：普通表头和多维表头。普通表头就是我们日常中所见到的单一表头，而多维表头需用户手动进行斜线的绘制，来将数据表头分割，斜线上方概括行表头，斜线下方概括列表头。图2-19所示为带有斜线表头的表格。

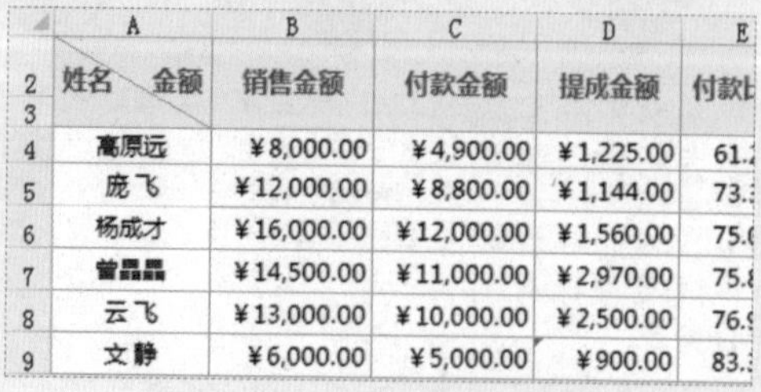

图2-19　带有斜线的表头

Chapter 01

Chapter 02

Chapter 03

Chapter 04

Chapter 05

Chapter 06

Chapter 07

Chapter 08

LESSON 2.4 表格美化规则

美化表格是制作专业表格不可缺少的操作和流程，但用户在美化表格的过程中也要遵循一些规则，如字体的选择、字号的搭配以及填充样式的选择等。下面就分别对这些表格美化规则进行相应的介绍。

2.4.1 什么样的字体才比较符合商务性质

在商务办公中，表格可分为两种形式：严谨性和非严谨性。对于两种不同类型表格的字体选择有一定规则，下面分别进行介绍。

◆ **严谨性商务表格字体的选择规则**：通常情况下，这类表格的表头字体多用方正大黑简体、方正综艺简体、方正大标宋简体等简体字体；标题行通常使用宋体或者楷体_GB2312等；表格的主体数据通常使用仿宋或者宋体。而常见的严谨性商务表格有财务表格、日记账表格、项目投资/规划表格、应收账款表格等。图2-20所示为严谨性的投资预算表格字体选择样式。

图2-20 严谨性样式表格字体选择效果

◆ **非严谨性商务表格字体的选择规则**：这类表格的字体通常没有严格要求，只要能使表格整体美观好看、甚至个性化都可以，如图2-21所示。

图2-21 非严谨性样式表格字体选择效果

2.4.2 字号大小搭配使用，注意整体效果

　　在表格中设置字号大小，主要是为了增加层次感，方便
用户查看和阅读，正常情况下表头的数据字号最大，一般为
18~22；标题行数据字号一般为12~15；而主体数据部分的字
号一般为10~12。

　　总体字号设置原则是：表头字号最大，突出主题；其次是标题行数据，引导
用户查看数据；最小的是数据主体部分。而且在这个基础上，不能让数据字号大
得太突兀，小得看不到，要让表头、标题行和主体数据大小协调。图2-22所示为字
号设置得当与否的效果对比。

图2-22　字号设置的效果对比

2.4.3 不是所有的表格数据都适合设置颜色

　　在表格中为数据设置颜色，主要是强调突出该数据，吸引阅读者的注意力，
但不是表格中所有的数据都适合设置颜色。并且对其中部分适合设置颜色的数
据，也要遵循如下规则：

◆　同一表格中字体颜色不能差异太大，避免出现太花哨的效果。

◆　在突出低于或高于某个值的数据时，通常设置为红色，如表格中财务数据低
　　于0时，就会自动显示为红色。

◆　当有底纹效果时，字体的颜色不能
　　与底纹颜色相近或相同，否则将出
　　现看不清或看不到的情况。

◆　同一表格中如要对表头、主体数据
　　设置颜色，最好与标题行底纹的颜
　　色是同一颜色，只是颜色的深、浅
　　不同，如图2-23所示。

图2-23　字号设置的效果对比

2.4.4 纯色填充底纹的原则

在表格中填充颜色可分为两种：一是按行进行填充，二是按列进行填充。但不管是哪种填充都是为了起到调节视觉的作用。所以在对表格进行纯色填充时要遵循如下原则。

◆ **按行进行填充的原则**：它填充的对象必须是以横向存储数据的表格，也就是一些记录性质的表格，如信息表、成绩表等。按行进行填充可让数据一条一条的分割，防止用户查看时，因为视觉疲劳而错位阅读。图2-24所示就是按行进行填充的表格效果。

◆ **按列进行填充的原则**：它填充的对象必须是以纵向存储数据的表格，也可以理解为垂直布局结构的表格。按列对其进行填充可实现垂直划分数据区域，引导用户查看数据方向。图2-25所示就是按列进行填充的表格效果。

	C	D	E	F
8	参与的课程	学时	家庭作业	论文
9	现代法语	3.0	10%	15%
10	理论物理	3.0	15%	15%
11	数学 1	4.0	10%	15%
12	数学 2	4.0	15%	15%
13	高级 Java 编程	5.0	15%	15%
14	西班牙语	3.0	10%	15%
15	作文	2.0	15%	15%
16				

图2-24 按行进行填充的表格效果

	A	B	C	D	E
3	姓名	7月	8月	9月	10月
4	程风	1925	2185	2381	2
5	崔建成	2301	1869	2493	1
6	代明	1080	2510	2100	2
7	蒋克勤	2634	1864	2185	2
8	柳梦	1890	2430	1950	2
9	王茜	2090	1634	1870	2
10	王诗诗	2580	1850	2420	1
11	薛旺	1120	1980	2305	1
12	总计	15620	16322	17704	181
14					

图2-25 按列进行填充的表格效果

2.4.5 渐变底纹填充原则

渐变底纹填充表格相对于纯色填充表格，会产生一种三维的效果，使整张表格看起来凹凸不平，从而增加表格趣味性。图2-26所示为一个蓝色渐变底纹填充的表格效果。

图2-26 渐变填充表格效果

在Excel中渐变填充使用不同的方式所实现的效果不同，在图2-27所示内容内容中将会进行相应的介绍。

三维立体较强的渐变填充	三维立体较弱的渐变填充
● 设置两种对比较强的颜色作为渐变色	● 设置两种对比较温和的颜色作为渐变色
● 设置垂直方向的渐变填充	● 设置水平方向的渐变填充

图2-27 设置渐变底纹填充的原则

2.4.6 表格深中浅样式的应用规则

在Excel中，系统自带了深中浅3类表格效果的共7种主题颜色样式。用户可直接套用这些表格样式，但要注意它们应用的规则，具体介绍如下。

◆ **深色表格样式应用的原则**：因为深色表格样式的颜色色调相差很大，所以它能将表格的布局明显分为两大部分，常见的是将标题数据和主体数据分割（若有汇总行数据，它的样式也与标题行的样式一样）。因此应用深色表格样式的表格，它的布局必须允许分割。图2-28所示为应用深色表格样式的效果。

◆ **中等深浅表格样式应用的原则**：中等深浅表格样式是系统样式中数量最多的样式，因为它基本上能适用大部分的表格，综合性较强，所以没有太严格的应用原则，只要合适美观即可。图2-29所示为应用中等深浅表格样式的表格效果。

	项目	1月	2月	3月	4月
3	薪 金	¥ 2,852.00	¥ 3,302.00	¥ 1,970.00	¥ 3,300.00
4	租 金	¥ 3,561.00	¥ 3,277.00	¥ 1,433.00	¥ 3,886.00
5	水电费	¥ 2,419.00	¥ 1,302.00	¥ 4,211.00	¥ 3,529.00
6	保险费	¥ 4,394.00	¥ 3,576.00	¥ 2,145.00	¥ 2,736.00
7	通讯费	¥ 3,592.00	¥ 2,671.00	¥ 2,303.00	¥ 3,068.00
8	办公费	¥ 1,747.00	¥ 3,787.00	¥ 4,530.00	¥ 2,819.00
9	旅差费	¥ 3,173.00	¥ 1,827.00	¥ 1,049.00	¥ 3,348.00
10	广告费	¥ 3,074.00	¥ 3,843.00	¥ 2,894.00	¥ 3,560.00
11	杂 费	¥ 3,911.00	¥ 2,209.00	¥ 4,441.00	¥ 2,216.00

图2-28 应用深色表格样式的效果

	姓名	第1周	第2周	第3周
3	丁海天	¥ 20,469.00	¥ 18,959.00	¥ 13,328.00
4	薛 敏	¥ 3,228.00	¥ 25,288.00	¥ 16,748.00
5	刘 云	¥ 9,060.00	¥ 12,318.00	¥ 4,162.00
6	姚启红	¥ 1,956.00	¥ 23,040.00	¥ 25,061.00
7	张 娟	¥ 24,295.00	¥ 8,694.00	¥ 25,773.00
8	霍丹丹	¥ 25,167.00	¥ 28,659.00	¥ 28,483.00

图2-29 应用中等深浅表格样式的效果

◆ **浅色表格样式应用原则**：因为浅色表格样式基本上都是突出行，所以它通常用于记录性质的表格。图2-30所示为应用浅色表格样式的表格效果。

	编号	姓名	所属部门	性别	民族	出生年月	籍贯
3	YGBH034732	李薇萍	行政中心	女	汉	1975年01月23日	福建省
4	YGBH034839	李志科	厂务部	女	汉	1975年05月07日	陕西省
5	YGBH034934	陈璨	厂务部	男	汉	1975年05月10日	湖南省
6	YGBH035074	欧阳游	采购部	男	汉	1975年05月28日	北京市
7	YGBH035246	林燕华	厂务部	男	汉	1975年07月20日	湖北省
8	YGBH035294	赖艳辉	销售部	女	汉	1975年02月24日	江西省
9	YGBH035320	张霖	厂务部	男	汉	1975年03月11日	海南省
10	YGBH035354	刘易杰	厂务部	男	汉	1976年07月11日	山西省
11	YGBH035356	钟其芳	厂务部	男	汉	1976年02月16日	辽宁省
12	YGBH035366	吴涛	厂务部	男	汉	1976年07月28日	江西省
13	YGBH035411	曾琴	厂务部	男	汉	1976年07月28日	甘肃省
14	YGBH035478	贺亦露	厂务部	男	汉	1976年06月07日	河南省
15	YGBH035518	李珊	销售部	女	汉	1976年05月23日	吉林省

图2-30 应用浅色表格样式的效果

2.4.7 单元格样式的应用场合

单元格样式，顾名思义，它是应用于表格中部分或单个单元格，而这部分单元格的数量最好是小于表格单元格的一半，而且要注意应用的单元格样式要与表格的整体风格相协调。图2-31所示为应用单元格样式的效果。

8月	9月	10月	11月	12月
¥ 2,378.00	¥ 3,022.00	¥ 2,937.00	¥ 4,924.00	¥ 3,463.00
¥ 3,684.00	¥ 1,118.00	¥ 1,035.00	¥ 1,219.00	¥ 1,283.00
¥ 2,844.00	¥ 3,864.00	¥ 1,680.00	¥ 3,011.00	¥ 3,469.00
¥ 2,761.00	¥ 3,657.00	¥ 4,283.00	¥ 1,820.00	¥ 4,275.00
¥ 2,595.00	¥ 1,700.00	¥ 4,952.00	¥ 3,629.00	¥ 2,767.00
¥ 3,353.00	¥ 3,373.00	¥ 1,779.00	¥ 1,656.00	¥ 2,824.00

图2-31 应用单元格样式的效果

LESSON 2.5 透视表格的规范制作

透视表是数据透视表的简称，它是Excel中快速分析数据的一大利器。但用户若想真正掌握它，就必须知道它在操作过程中有哪些规范，如标题正确的放置位置、透视表的注意事项等。下面就分别进行介绍。

2.5.1 什么是一表打天下

在数据透视表中，所谓一表打天下，其实就是数据透视表模板的快速应用。

只要用户创建出一个透视表的模板样式，当用户再次使用时，只需在数据源中对数据进行编辑和修改即可。

在Excel中使用数据透视表模板有三方面的优势：通用、简洁和规范。下面分别对这些优势进行展示。

◆ **通用**：在Excel中仅模板就有上百个，若用户要将其所有都记住是不可能的，何况这些模板也在不断更新，所以一些用户就选择了所谓的实用方法——现学现用。其实在商务办公中，透视表的样式虽然千变外化，但用户只需掌控源数据，而这些源数据的模式基本一样，用户只需在其中进行数据编写即可。图2-32所示为展示模式化的源数据表。

Chapter 01
Chapter 02
Chapter 03
Chapter 04
Chapter 05
Chapter 06
Chapter 07
Chapter 08

批号	品名	省	地	仓库	规格型号
1	沸腾钢中板	黑龙江	龙江县	231	5×1800×6000mm
2	沸腾钢中板	黑龙江	龙江县	231	5×1800×6000mm
3	沸腾钢中板				
4	沸腾钢中板				
5	沸腾钢中板				
6	沸腾钢中板				
7	沸腾钢中板				
8	沸腾钢中板				

资产编码	资产名称	类别	型号	单位	变动方式
001.01	电脑	办公设备	组装	台	购入
001.02	打印机	办公设备	佳能I6500彩色	台	购入
001.03	激光传真机				
001.04	电脑				
001.05	打印机				
001.06	稳压器				
001.07	空调				
001.08	手机				
001.09	条形码标签				

日期	销售人员	城市	商品	销售量	销售额
2013/5/12	刘敬垫	沈阳	冰箱	27	70200.00
2013/5/12	王腾宇	杭州	冰箱	24	62400.00
2013/5/12	周德宇	太原	电脑	40	344000.00
2013/5/12	周德宇	贵阳	相机	42	154980.00
2013/5/12	周德宇	天津	彩电	32	73600.00
2013/5/13	房天琦	上海	空调	45	126000.00
2013/5/13	郝宗泉	杭州	彩电	23	52900.00
2013/5/13	刘敬垫	武汉	冰箱	16	41600.00

图2-32 模式化的源数据表格展示

◆ 简洁：因为在商务活动中，使用数据透视表分析数据，按照一项工作一张源数据的表格规则，不仅整个工作簿变得简洁，而且存放的Excel文件也会随之变少。更重要的是：使整个操作过程变得简洁。

◆ 规范：由于使用同一数据透视表样式（或模板）创建透视表，所以能让整套表格的样式规范统一。

2.5.2 标题不要在首行

在数据透视表中，前面介绍了使用模板样式来提高创建数据透视表的效率并使其规范、简洁和通用，所以若在源数据表中，最好不要让标题在首行，因为这样不仅可使源数据表模板通用，而且能让用户在编辑源数据时不用输入和设置标题而节省操作。

当然用户不要误认为不在标题行输入标题，就是不用输入标题。而是将标题不设置在源数据表的首行，而将其放置在其他位置，如工作表标签中等，如图2-33所示。

日期	销售人员	城市	商品	销售量	销售额
2013/5/12	刘敬垫	沈阳	冰箱	27	70200.00
2013/5/12	王腾宇	杭州	冰箱	24	62400.00
2013/5/12	周德宇	太原	电脑	40	344000.00
2013/5/12	周德宇	贵阳	相机	42	154980.00
2013/5/12	周德宇	天津	彩电	32	73600.00
2013/5/13	房天琦	上海	空调	45	126000.00
2013/5/13	郝宗泉	杭州	彩电	23	52900.00

家电销售明细 | 统计分析

图2-33 将表格标题放在工作表标签中

2.5.3 切记人为分隔使数据源断裂

在数据透视表中，人为分割使数据源断裂主要有两种情况：一是数据出现空白值，二是缺少必要的字段数据。

在Excel中数据透视表是按照字段进行数据归类汇总，所以在源数据表中就要杜绝人为分割使数据源断裂的情况，否则就无法准确分析出相关的数据情况，这样数据透视表就没有多大的意义。

图2-34所示为源数据表中出现空白值。图2-35所示为源数据表中字段缺少的情况。

	A	B	C	D	E
1	日期	销售人员	城市	商品	销售量
2	2013/5/12	刘敬堃	沈阳	冰箱	27
3		王腾宇	杭州	冰箱	
4	2013/5/12	周德宇	太原	电脑	40
5	2013/5/12	周德宇	贵阳	相机	42
6	2013/5/12	周德宇	天津	彩电	32
7	2013/5/13	房天琦	上海	空调	
8	2013/5/13	郝宗泉	杭州	彩电	23
9	2013/5/13	刘敬堃	武汉	冰箱	16
10	2013/5/13	王腾宇	南京	空调	

图2-34 数据透视表出现空白值情况

	A	B	C	D	E
1	日期	销售人员	城市	商品	销售量
2	2013/5/12		沈阳	冰箱	27
3	2013/5/12	王腾宇	杭州	冰箱	24
4	2013/5/12		太原	电脑	40
5	2013/5/12		贵阳	相机	42
6	2013/5/12		天津	彩电	32
7	2013/5/13	房天琦	上海	空调	45
8	2013/5/13		杭州	彩电	23
9	2013/5/13	刘敬堃	武汉	冰箱	16
10	2013/5/13	王腾宇	南京	空调	34

图2-35 数据透视表缺少字段数据情况

在数据透视表中若是必须存在空白数据值时，用户可通过在表格中输入0值来代替补充，切记不能留空。

2.5.4 化繁为简，表头只有一行

在Excel中，数据透视表一般都是只应用于单一标题，而不能应用于多重标题，也就是数据透视表只能对带有单行标题的表格进行工作，而不能对多行标题的表格起作用，而且这样做还会报错。

所以用户在设计源数据表时，就要避免出现多重标题的情况或将多重标题中最关键的标题数据留下，将其他多余或不那么重要的标题删除，否则就会带来不能正常创建数据透视表或创建的数据透视表没有可添加字段的情况。图2-36所示为带有多重标题行的源数据表。

	A	B	C	D	E	F	G	H	I	J
2	序号	品牌	销售数量							
3			1月	2月	3月	4月	5月	6月	7月	8月
4	1	Canon	89	51	8	54	5	26	26	85
5	2	Sony	62	30	15	66	81	31	38	87
6	3	Casio	57	57	16	31	55	67	15	24
7	4	Nikon	49	26	14	25	56	51	89	34
8	5	Pentax	38	66	27	25	26	66	31	56
9	6	SAMSUNG	23	73	58	32	64	27	5	47
10	7	ORACOM	21	63	38	33	49	29	7	70
11	8	Fujifilm	10	66	63	46	60	11	23	48

图2-36 带有多重标题行的源数据表

LESSON 2.6 色彩的基础知识

用户要制作出专业好看的表格，就需要了解色彩知识，然后才能在表格中对数据或对象进行配色，使制作的表格更加美观和个性，为查看表格的用户留下深刻的影响。

2.6.1 为什么学Excel还要掌握色彩知识

使用Excel制作表格，无论是制作常规表格，还是较为个性的表格都需要使用颜色。在使用颜色前，用户需要考虑使用哪种颜色更能体现表格的性质，或让表格中的颜色搭配更加协调、美观。图2-37所示为颜色搭配非常美观的表格效果

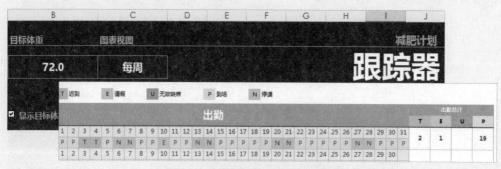

图2-37 颜色搭配美观的表格效果

2.6.2 色彩分类

色彩从色系上分为两大类：有彩色系和无彩色系。下面就分别对其进行简单介绍。

◆ **有彩色系**：就是具备光谱上的某种或某些色相，如赤橙黄绿青蓝紫。它的表现虽然复杂，但可以用三组特征值来确定：彩调、明度和色强（也就是纯度、彩度）。彩调、明度、彩度确定色彩的状态，被称为色彩的三属性。明度和色强合并为二线的色状态，被称为色调。有些人把明度理解为色调，这是不全面的。图2-38所示为有色彩系的简单示意图。

◆ **无彩色系**：无彩色即没有彩调，恰好与有彩色系相反。其表现为白、黑，也称为色调，同时有明有暗。图2-39所示为无彩色系的简单示意图。

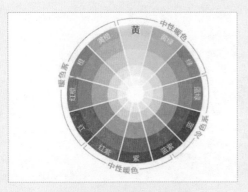

图2-38 有彩色系示意图

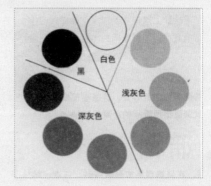

图2-39 无彩色系示意图

2.6.3 认识冷暖色

从心理上分，色彩可分为3类：冷色、暖色和中性色。图2-40所示为颜色冷暖的划分示意图。下面分别对其进行介绍。

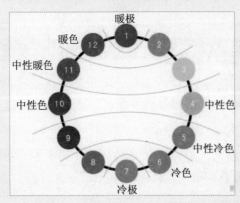

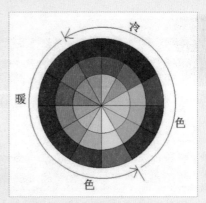

图2-40 色彩冷暖分区示意图

◆ **冷色**：顾名思义就是让人从心里感觉冷的颜色，如蓝色、紫色等。图2-41所示为常见的冷色。

◆ **暖色**：能让人从心里感觉温暖或给人带来希望的颜色，如黄色、红色、橙色等。图2-42所示为常见的暖色。

图2-41 常见冷色

图2-42 常见暖色

◆ **中性色**：它是介于暖色和冷色之间的颜色，既不让人觉得冷也不让人觉得温暖。图2-39所示为常见的中性色彩。

图2-43 常见中性色

2.6.4 认识原色、间色和复色

从颜色的分解和混合构成来看，可将颜色分为3类：原色、间色和复色。有人认为要步入颜色的世界，就得先从认识原色、间色和复色开始。下面就分别对这类颜色进行介绍。

◆ **原色**：是指不能用其他色混合而成的颜色，而它却可以混合出许许多多其他的颜色。其中红、黄、蓝又被称为三原色，如图2-44所示。

◆ **间色**：从专业角度讲，由三原色等量调配而成的颜色，就被称为间色，也叫第二次色。因为它是从（品）红、（柠檬）黄、（不鲜艳）青三原色中的某两种原色相互混合而出的颜色，如红色与黄色等量调配得出橙色，把红色与青色等量调配得出紫色，把黄色与青色等量调配得出绿色。图2-45所示为常见的间色。

◆ **复色**：用任何两个间色或三个原色相混合而产生的颜色，也被称为三次色或再间色，在有些教科书上也将其称为次色。它是最丰富的色彩家族，千变万化，丰富异常，包括了除原色和间色以外的所有颜色，如图2-46所示。

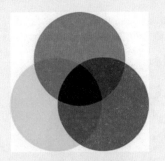

图2-44 三原色

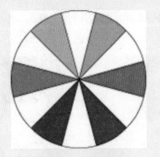

图2-45 间色

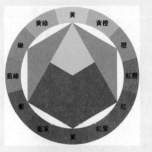

图2-46 复色

2.6.5 了解同类色、相似色和互补色

同类色指色相性质相同，但色度有深浅不同的颜色，如图2-47所示，也就是色相环中15度夹角内的颜色，如图2-48所示。

图2-47 红黄蓝同类色

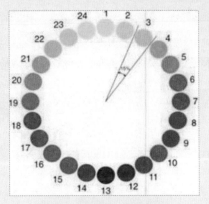

图2-48 同类色分布位置

相似色也就是相似的颜色，也叫类似色。在色轮上90度角内相邻接的色被统称为相似色，如图2-49所示，如红－红橙－橙、黄－黄绿－绿、青－青紫－紫。由于相似色的色相对比不强而给人平静、调和的感觉，所以在配色中常被应用。图2-50所示为相似色对比效果。

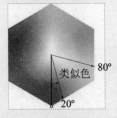

图2-49 相似色的位置

图2-50 相似色的对比效果

互补色其实就是光学中所说的当两种色光以适当比例混合而能产生白色感觉时，则这两种颜色就被称为"互为补色"。如红色与绿色互补，蓝色与橙色互补，紫色与黄色互补等。图2-51所示为互补色圆环示意图和分解图。

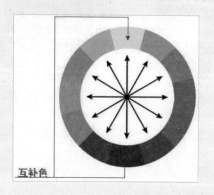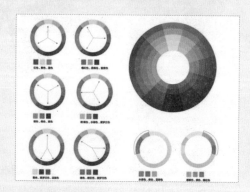

图2-51 互补色圆环示意图和分解图

2.6.6 色彩的三大要素

色调、明度和饱和度（彩度）被称为颜色的三要素，其中色调是测量颜色的术语，用来区分各种颜色，人们常称之为色相。

明度是眼睛对光源和物体表面的明暗程度的感觉，主要是由光线强弱决定的一种视觉经验，可以简单理解为颜色的亮度。

饱和度通常是指色彩的鲜艳度，饱和度越高颜色越鲜艳，反之暗淡。图2-52所示为色调、明度和饱和度的简单示意图。

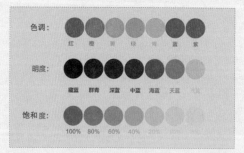

图2-52 色调、明度和饱和度的示意图

2.6.7 色彩常规搭配方法

在前面的知识点中，我们对颜色有了大概的了解，这时就可以来学习颜色的常规搭配方法，来让我们的表格配色更加好看和个性化，这里分别对这些配色技巧和方法进行介绍。

色相配色，它可分为两种：类似色相配色和对比色相配色。下面分别对其进行介绍。

◆ **类似色相配色**：它是用色相环上类似的颜色进行配色，可以得到稳定而统一的感觉，而且是很容易取得配色的平衡的。如黄色、橙黄色、橙色的组合，青色、青紫色、紫罗兰色的组合都是类似色相配色。图2-53所示为类似色相配色的表格效果。

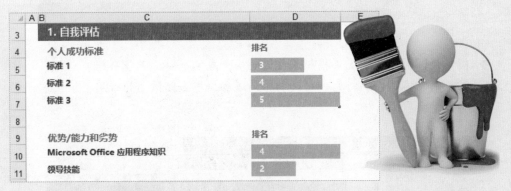

图2-53 类似色相配色效果

◆ **对比色相配色**：是指在色相环中，位于色相环圆心直径两端的色彩或较远位置的色彩组合。其中可能会包含中差色相配色、对照色相配色、补色色相配色。图2-54所示为对比色相配色的图表效果。

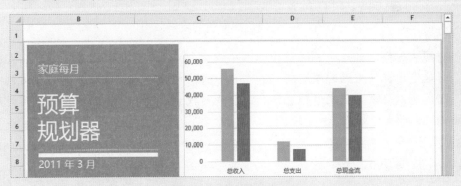

图2-54 对比色相配色

色调配色，可分为3种：同一色调配色、类似色调配色和对照色配色。下面分别对这3种配色方法进行介绍。

◆ **同一色调配色**：是将相同色调的不同颜色搭配在一起，而形成的一种配色方法。它较为容易进行色彩调和，而产生活泼感。图2-55所示为采用同一色调——绿色配色的表格样式效果。

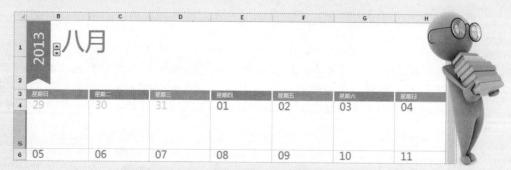

图2-55 同一色调配色的表格效果

◆ **类似色调配色**：就是将相邻或接近的两个或两个以上色调搭配在一起，这样做特别能体现色调与色调之间的微妙差异。图2-56所示为采用类似色调配色的表格效果。

图2-56 类似色调配色的表格效果

◆ **对照色配色**：就是将相隔较远的两个或两个以上的色调搭配在一起，它能很好地造成视觉上的鲜明对比，并产生一种"相映"或"相拒"的力量达到平衡，所以用户可使用对照色配色来实现对比调和感。图2-57所示为采用对照色配色的表格效果。

图2-57 对照色配色的表格效果

◆ **明度配色**：按照明度可分为3类，高明度、中明度和低明度。所以它的配色方案就有6种，如图2-58所示。

图2-58 明度配色的常用方法

其中，高明度配高明度、中明度配中明度、低明度配低明度，属于相同明度配色，一般使用明度相同、色相和纯度变化的配色方式。高明度配中明度、中明度配低明度，属于略微不同的明度配色。而高明度配低明度属于对照明度配色。

图2-59所示为高明度配高明度的表格配色效果。图2-60所示为低明度配低明度的表格效果。

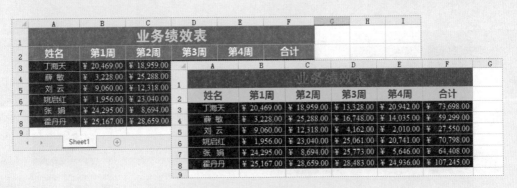

图2-59 高明度配高明度的表格效果

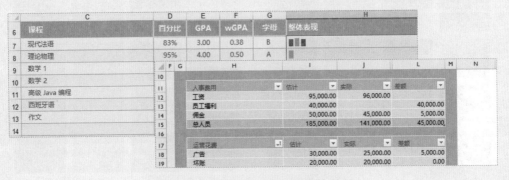

图2-60 低明度配低明度的表格效果

Chapter 01
Chapter 02
Chapter 03
Chapter 04
Chapter 05
Chapter 06
Chapter 07
Chapter 08

图2-61所示为明度配色中一些非常实用的明度配色方案。

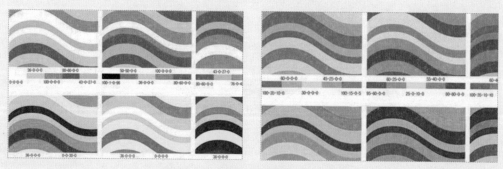

图2-61 实用的明度配色方案

2.6.8 常规实用配色方案

色彩搭配不仅限于某个领域，它还可以灵活地将同样的颜色搭配用于不同的
领域中，当然也包括Excel表格中。图2-62所示为一些非常实用好看的颜色搭配方
案，用户可直接按照上面的配色进行套用。

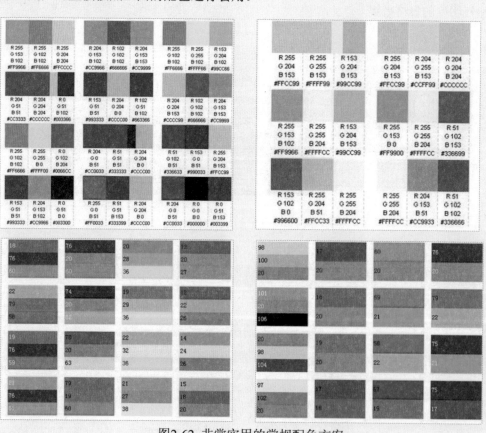

图2-62 非常实用的常规配色方案

2.6.9 商务活动中的经典配色

在配色过程中，用户不仅可以套用非常流行的配色方案，还可以参考一些经典的配色方案，这样更能够受到启发。下面的内容就将简单展示一些经典的配色方案和效果。

◆ **经典颜色搭配1**：橙＋灰，效果如图2-63所示。

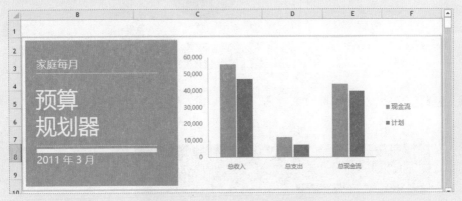

图2-63 橙色和灰色的经典搭配

◆ **经典颜色搭配2**：暗红＋灰，效果如图2-64所示。

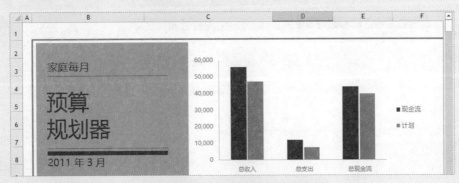

图2-64 暗红色和灰色的经典搭配

◆ **经典颜色搭配3**：使用同一颜色的不同深浅，效果如图2-65所示。

	课程	百分比	GPA	wGPA	字母	整体表现
3	总计					
4	小时: 24	81%	2.71	2.63	B-	
5						
6	课程	百分比	GPA	wGPA	字母	整体表现
7	现代法语	83%	3.00	0.38	B	
8	理论物理	95%	4.00	0.50	A	
9	数学 1	80%	2.67	0.45	B-	
10	数学 2	89%	3.33	0.56	B+	
11	高级 Java 编程	75%	2.00	0.42	C	

图2-65 同一颜色不同深浅的经典搭配

Chapter 01
Chapter 02
Chapter 03
Chapter 04
Chapter 05
Chapter 06
Chapter 07
Chapter 08

◆ **经典颜色搭配4**：常用的黑白灰组合，效果如图2-66所示。

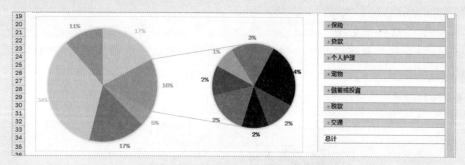

图2-66 黑白灰组合的经典搭配

◆ **经典颜色搭配5**：常用的深青色，效果如图2-67所示。

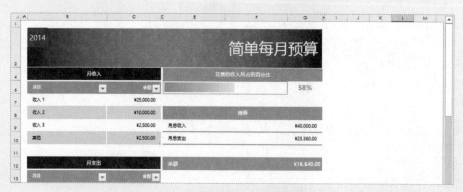

图2-67 深青色的经典搭配

CHAPTER 03

这样使用图片、文本框、SmartArt、形状、艺术字图形对象更合理

本章导读

表格中的对象，虽然可以充实和丰富表格样式，但用户不能随意使用，而必须遵循一些使用原则和规范，否则就会陷入"雷区"，适得其反。

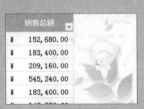

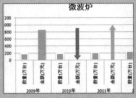

本章要点

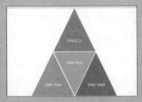

图片在Excel中的正确使用
文本框的使用
使用SmartArt图示展示数据关系
形状的使用场合
艺术字的使用原则
图形对象的使用和设计原则

LESSON 3.1 图片在Excel中的正确使用

在商务表格中，除了数据外，用户还可以为其添加一些图片来充实和增加表格的趣味性，同时突出表格主题，但在Excel中使用图片要注意以下规则。

3.1.1 图片内容要符合表格主题

在表格中应用图片的目的，更多的是体现和突出主题。所以用户在选择图片时，一定要选择符合表格主题的图片，如在家具销售表中应用图片，就要选择一些与家具有关的图片，而不是玩具或楼盘等图片，否则就会成为笑话。

图3-1所示是两张非常符合表格主题的图片应用效果。

 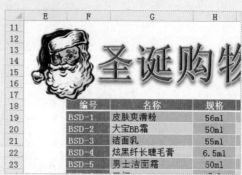

图3-1 图片符合主题的表格效果

3.1.2 图片大小不能喧宾夺主

图片在表格中应用的目的大概有两个：突出主题和充实表格。所以可以看出图片在表格中应用总的说来是起到陪衬的作用，所以图片不仅要符合表格主题，而且大小要合适，不能喧宾夺主或遮挡表格的主要数据信息，如在表格中插入公司Logo图片，那么Logo图片的大小最好是与公司名称文本数据大小相当。

3.1.3 丰富的图片效果在表格中不一定适用

在商务办公中，表格中的数据仍然是主角，图片只是装饰、充实和衬托，所以用户选择的图片，除了要符合表格主题，还要考虑图片的效果不能太复杂和花哨，最好是使用简单、淡雅等效果的图片来美化表格。

图3-2所示为在表格中应用复杂效果的图片作为背景效果与应用淡雅图片作为表格背景效果的对比，用户很明显就能看出它们之间的效果差异。

图3-2 背景图片的效果差异对比

3.1.4 不规则图片效果设置要多注意

用户若要制作出具有特色或个性的表格，要在其中插入一些不规则图片，这时用户不需要再将图片在其他软件中进行处理，只需在Excel中将图片与其他对象联合使用即可实现，如与剪贴画进行连用或形状进行连用。这样不仅可以制作出独具特色的不规则图片，而且还能节省很多工作时间。

图3-3所示内容就是形状与婴儿图片联合使用，从而制作出不规则的特色图片的效果。

图3-3 制作不规则图片效果

当然，若用户要制作规则图片的效果，除了进行相关规则设置外，还可以通过规则的形状、剪贴画或规则的图片格式的应用来实现。图3-4所示内容就是婴儿图像的规则应用方式效果。

图3-4 制作规则图片效果

3.1.5 使用图片的流程

在表格中使用和设置图片的方式和方法有很多种，但经过笔者多年的使用经验来看，它也有一个高效的流程，如图3-5所示。用户按照这个流程来使用图片将会节约很多时间，从而提高工作效率。

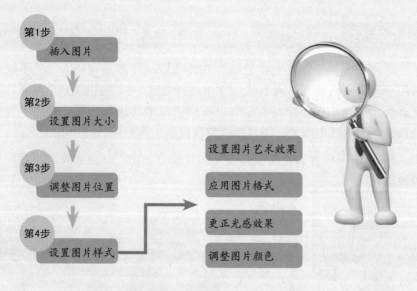

图3-5 使用图片的流程

LESSON
3.2

文本框的使用

文本框是表格中的一种带有文本编辑器的对象，所以它不受单元格的束缚，可放置在任意位置，在制作个性表格中很有用。但在使用时，一定要注意以下事项，防止出问题。

3.2.1 文本框的应用场合

文本框在Excel中的应用场合有这样三个方面：一是需要输入特别格式文本的地方，二是制作一些特殊带有文本的对象样式，三是变量数据的引用。下面分别对其进行介绍。

◆ **输入特别格式文本的地方**：在表格中需要输入一些特别的注释，有时候甚至是特别多的注释，但又不想破坏原表格的结构，这时可使用文本框来解决。图3-6所示就是使用文本框来制作特别文本的效果。

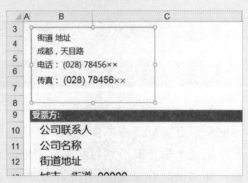

图3-6 使用文本框制作特殊文本格式效果

◆ **制作一些特殊带有文本的对象样式**：在表格中需要制作一些特殊样式/功能的文本对象样式时，可以使用文本框来制作，并可以将其放置在指定的位置。图3-7所示内容就是使用文本框来制作带有"数据输入"和"销售报告"超链接的文本按钮对象效果。

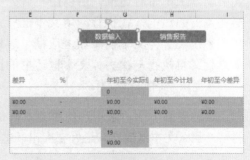

图3-7 使用文本框制作文本按钮效果

◆ **变量数据的引用**：文本框中不仅可以直接输入数据，还能通过公式对变量数据进行引用，如在动态图表中制作动态标题，这时就使用的是文本框的变量赋值方式。图3-8所示为使用文本框来动态获取员工姓名的效果。

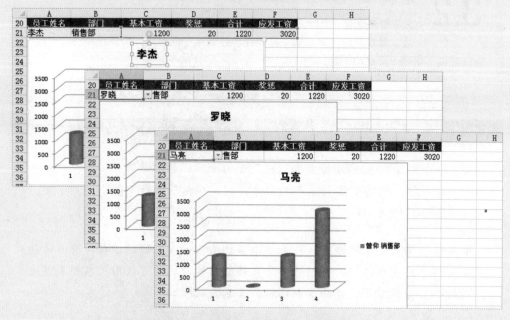

图3-8 动态获取数据的文本框效果

3.2.2 取消文本框边框样式要留意

用户要取消文本框边框时，有一个小的顺序要提醒用户，那就是：若用户既要使用文本框样式，同时又要取消它的边框，那么用户就要先应用样式，之后再执行取消文本框边框的操作，因为文本框样式中基本上都带有边框，所以用户若先取消文本框的边框，在执行应用文本框样式时，系统又会为文本框添加上边框，这样用户就又得执行一次去掉文本框边框的操作，从而浪费时间和精力。

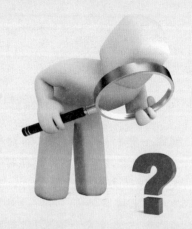

顺便提醒一下，若用户使用文本框是在表格中制作的一些说明、注释的文本的话，那么文本框的格式最好要突出一些，来吸引阅读者。

Chapter 01
Chapter 02
Chapter 03
Chapter 04
Chapter 05
Chapter 06
Chapter 07
Chapter 08

LESSON 3.3 使用SmartArt图示展示数据关系

SmartArt图示又被简称为SmartArt图，它能很方便地展示出表格中的数据关系，如先后顺序、等级关系，使用起来非常方便，能充分体现出Excel 2013的智能。下面将介绍几种在表格中使用SmartArt图的原则和规范。

3.3.1 搞清SmartArt的关系类型

SmartArt图示是在Excel高级版本中才出现的新对象，所以用户在使用它之前，最好要先了解它各个类型的使用方向，这样才能准确、高效、灵活地使用它们。下面分别对其常用的关系类型进行介绍。

◆ **列表关系类型**：主要用来展示没有先后顺序或几个并列关系的数据，简单说来就是无先后、互独立、无包含关系的数据。图3-9所示为展示一个图表制作和设置提示的SmartArt并列图示。

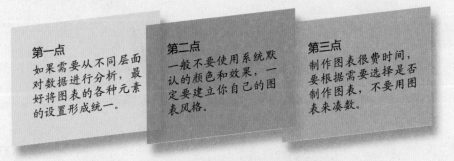

图3-9 列表SmartArt图示效果

◆ **流程关系类型**：流程图示很明显就是用来展示一组有先后顺序的数据。图3-10所示为展示打印表格顺序的SmartArt流程图示。

图3-10 流程SmartArt图示效果

◆ **循环关系类型**：用来展示循环的数据关系图示，强调信息组之间的交互关系。图3-11所示为展示图书加工流程的SmartArt循环图示。

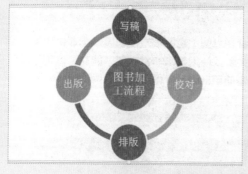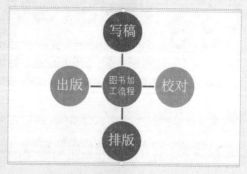

图3-11 图书加工流程的SmartArt循环图示效果

◆ **层次结构关系类型**：用来展示具有一定层次或等级结构的信息关系，如组织结构图、目录树状图等。图3-12所示为公司组织结构图示。

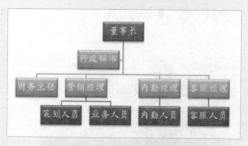

图3-12 公司组织结构图示

◆ **关系结构关系类型**：用于显示非有序信息块或者分组信息块，可最大化形状的水平和垂直显示空间。图3-13所示为数据排序结构图示。

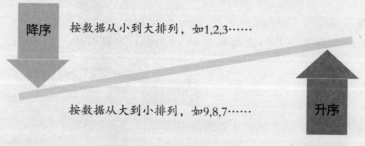

图3-13 数据排序结构图示

◆ **图片关系类型**：它没有特定的应用场合，它的特点就是带有图片或标注，只要用户需要使用这样的SmartArt图示即可。图3-14所示为带有标注的财务分析SmartArt图示。图3-15所示为带有图片的SmartArt图示。

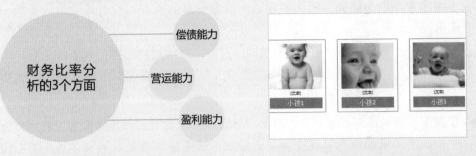

图3-14 带有标注的SmartArt图示 　　　　　图3-15 带有图片的SmartArt图示

◆ **矩阵关系类型**：它将整个矩阵分为4个象限（可理解为4个区域），而它主要强调的是每个象限与整体或象限与象限之间的关系。所以当用户需要使用SmartArt图来展示区域与整体或区域与区域的关系时，可使用该类型。图3-16所示为展示图书成型的四大组成部分的相互关系。

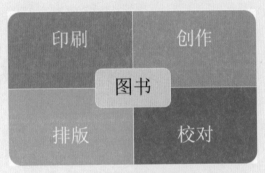

图3-16 图书成型的四大部分关系示意图

◆ **棱锥图关系类型**：它的外形与金字塔或倒金字塔相似，所以它的作用也就很明显：用于展示层级、比例和互连关系，如要展示公司人事职位结构图就可以用棱锥图关系类型来很好展示，如图3-17所示。同时也可以很好地用它来展示某个范围的收入占比关系，如图3-18所示。

 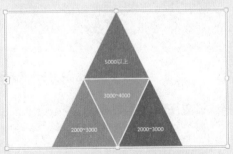

图3-17 公司组织人事结构示意图 　　　　　图3-18 单位职工收入占比示意图

3.3.2 增强SmartArt的视觉立体感

在表格中插入的SmartArt图示，基本上都是同一形状类型或颜色，这样就不容易吸引阅读者，也不能提高阅读者对展示数据信息的兴趣，有时还会给人千篇一律的感觉。

所以用户在使用SmartArt图展示数据信息时，可通过两方面：设置图示颜色、形状和立体效果，来增强SmartArt图的视觉立体感觉，增强图示的可读性、美观性。下面分别对这两种效果进行介绍。

◆ **设置图示颜色**：SmartArt图中的每一个形状都代表了一种数据信息，用户可为它们设置不同的颜色来区分和突出它们，从而增加可读性和立体感。图3-19所示为设置SmartArt图示颜色的前后对比效果。

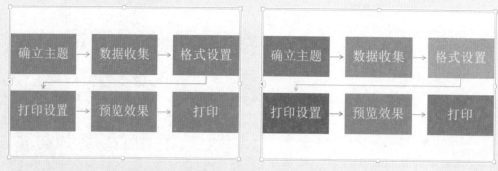

图3-19 设置SmartArt图示颜色的前后对比效果

◆ **设置图示形状**：SmartArt图是由很多个形状组成的，所以用户可灵活地更改它们的形状，来增强图示的立体感。图3-20所示为设置SmartArt图示形状的前后对比效果。

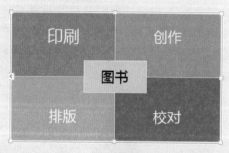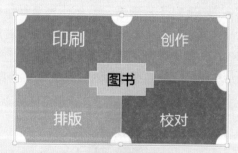

图3-20 设置SmartArt图示形状的前后对比效果

◆ **设置图示立体效果**：在Excel中，SmartArt图的立体效果包括很多方面，如阴影、棱台、映像等，从视觉上增强了图示的直观立体感。图3-21所示为设置SmartArt图示立体感效果的前后对比效果。

图3-21 设置SmartArt图示立体感的前后对比效果

以上三种增强SmartArt图示立体感的方法，并不相互矛盾，也就是说用户即可以单独使用，又可以将它们联合使用，只要能实现用户的目的即可。

但用户需要注意的是，无论使用哪种方式来增强SmartArt图示的立体感，都必须保证它的整体效果和风格要与表格的整体样式和风格相适应，不能为了突出SmartArt图而突出。

LESSON 3.4 形状的使用场合

在前面的知识点中，已经涉及形状的使用，不过它充当的都是配角，这里将会主要讲解形状的使用规则和场合，让它也唱次主角，具体介绍如下。

3.4.1 表格数据与形状的搭配使用

在Excel中形状有三个优势：一是有很多个性的形状样式，并且能对其形状进行编辑，从而可以增加一些新的自主形状样式；二是放置位置和方向的随意性；三是可直接在形状上添加文本数据并可设置其格式。

所以用户可在表格中直接使用或自定义形状与表格数据搭配使用可制作出许多有个性和特色的表格样式来。图3-22所示内容就是分别使用形状制作日期形状和注释说明形状的效果。

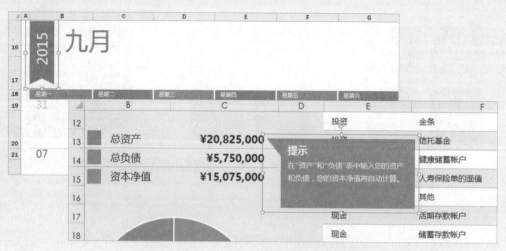

图3-22 使用形状与数据搭配使用的效果

3.4.2 利用形状裁剪特殊效果的图片

利用形状裁剪图片其实在讲解图片的不规则使用内容中已经讲解过，这里就不再赘述。下面展示几张使用形状裁剪图片在表格中的应用效果，如图3-23所示。

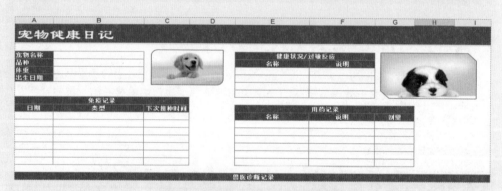

图3-23 使用形状裁剪图片的效果

3.4.3 复杂的关系结构用形状很方便

在前面的SmartArt知识点中，我们讲过使用SmartArt图示来展示数据信息关系的内容，不过它有固定模式，用户只能在其中进行微调，所以对于一些复杂的关系结构，其就不是特别擅长。

而使用形状的话，用户完全可根据自己的想法来任意安排它们的位置、大小和形状，很方便就能制作出各种关系结构复杂的图示。图3-24所示为使用形状制作出的招聘流程关系结构图。

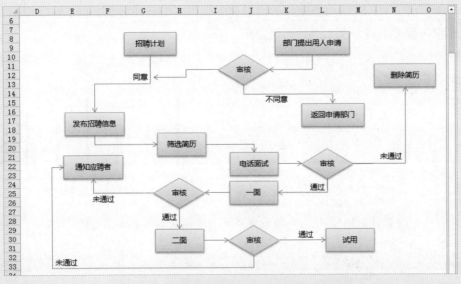

图3-24 使用形状制作的招聘流程结构图

Chapter 01
Chapter 02
Chapter 03
Chapter 04
Chapter 05
Chapter 06
Chapter 07
Chapter 08

3.4.4 形状嫁接在图表中

形状不仅可以在表格中应用，而且还能将其应用到图表中作为数据系列或标注形状等使用，从而使图表更加有趣、生动和直观。

图3-25所示为用形状来代替图表数据系列和形状数据标签的样式效果。

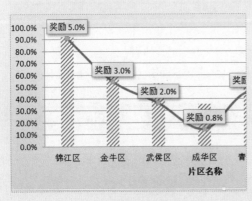

图3-25 形状在图表中的应用

另外，在图表中使用形状来代替数据序列时，形状的方向要和图表数据系列的方向一致，如图表是柱形图，那么形状的方向也要是垂直方向的；如图表是条形图，那么形状的方向就要是水平方向的。否则形状就只能被作为填充对象显示在数据系列中，而数据系列形状则不会发生任何变化。

图3-26（左）所示为形状与数据系列方向相反的替代效果。图3-26（右）所示为形状与数据系列方向相同的替代效果。

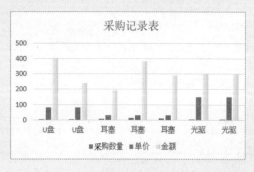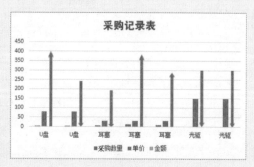

图3-26 形状方向与数据系列方向相同与否的效果对比

艺术字是一种特殊的字体，是传统字体的有效补充。它既能表达丰富多彩的含意，又能以很多种形式存在。用户若要使用它制作出个性、美观的文字和作品，就必须遵循艺术字的常规使用规则。

3.5.1 艺术字的使用和设计原则

在表格中使用艺术字，要创建出美观和个性的样式，同时传达出制表人所要表达的意图，就必须遵循艺术字的使用和设计原则。下面分别对其进行介绍。

◆ **文字的可读性**：文字的主要功能是向大众传达作者的意图和各种信息，要达到这一目的必须考虑文字的整体诉求效果，给人以清晰的视觉印象。因此，艺术字中的文字应避免繁杂零乱，要易认，易懂，切忌为了设计而设计，忘记了文字设计的根本目的是为了更好、更有效地传达作者的意图，表达设计的主题和构想意念。图3-27所示内容的艺术字就缺乏可读性。

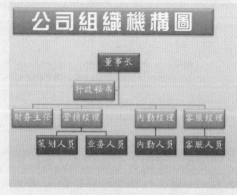

图3-27 缺乏可读性的艺术字标题效果

◆ **赋予文字个性**：制表人使用艺术字的一个目的就是让表格有个性，所以要达到这一目的，就必须使艺术字本身有个性，当然这些个性可通过字体、样式等来实现，如要为艺术字设置成端庄秀丽的个性，可选择一些优美清新的字体。图3-28所示为艺术字的常见个性。

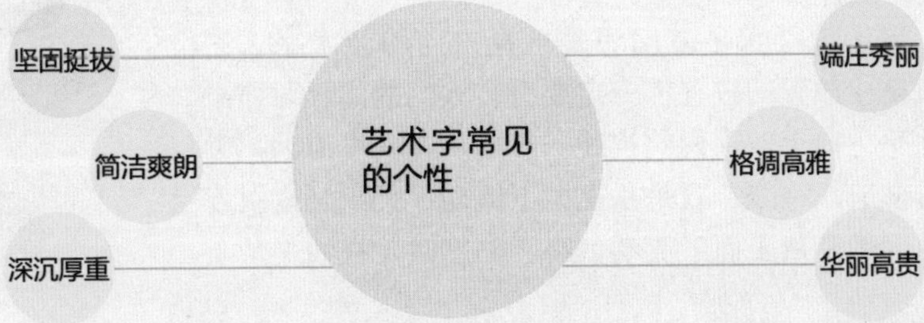

图3-28 艺术字的常见个性

◆ **视觉要美感**：无论是选择字体还是设置样式，都是为了让其美观，让阅读者感到愉快，从而留下美好的印象。反之，则使人看后心里不愉快，视觉上难以产生美感，甚至会让观众拒而不看，这样就与最初的目的背道而驰。图3-29所示为同一艺术字在视觉效果上的对比。

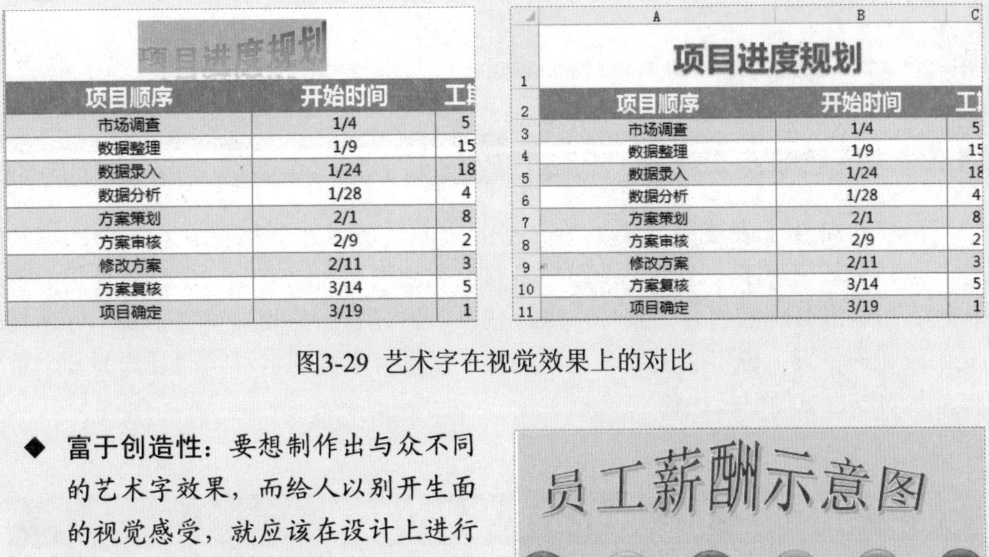

图3-29 艺术字在视觉效果上的对比

◆ **富于创造性**：要想制作出与众不同的艺术字效果，而给人以别开生面的视觉感受，就应该在设计上进行创作，如在艺术字的形态特征、样式等上进行不断修改，反复琢磨。图3-30所示的"员工薪酬示意图"就是一个经过反复修改和琢磨的艺术字效果样式。

图3-30 艺术字在视觉效果上的对比

3.5.2 艺术字放置方向要符合阅读习惯

在Excel中，默认的艺术字方向都是水平的，但是用户可通过手动分行和调节艺术字形状来改变它的方向。

但无论是水平方向还是垂直方向的艺术字，它在表格中放置的位置都一定要符合人们的阅读习惯，如水平方向上，人们的视线一般是从左向右流动；垂直方向时，视线一般是从上向下流动；大于45度斜度时，视线是从上而下流动；小于45度时，视线是从下向上流动。

LESSON 3.6 图形对象的使用和设计原则

在前面几节中，已将Excel中常用对象的使用规则、场合进行了讲解，在这一节中将会对Excel中所有提高过的图形对象的使用和设计规则进行介绍，从而帮助用户更全面地掌握和使用它们。

3.6.1 形状较多时，最好组合为整体

形状也是浮于表格上，不受单元格的限制，所以它具有位置和方向的灵活性，这样也就出现了一个弊端，即容易移位和丢失，所以若是在表格中使用的形状较多时，最好将其组合为整体，这样就可以保证它们的相对位置不变，方便恢复到最初的位置，也不会出现个别形状丢失后没有察觉的情况，而且作为一个整体形状对象也更能引起注意。

3.6.2 要体现专业，最好不使用默认效果

表格是否专业，不仅要考虑数据的准确、表格样式的美化，还要考虑使用的对象是否美观，以及与表格的整体风格是否相适应。

在Excel中使用对象默认的样式都比较单调，没有过多修饰，所以除了一些特殊的情况外，建议用户最好是不使用对象的默认效果样式，而是通过一些设置来

使其样式丰富、美观，为整个表格专业性加分、添彩。图3-31所示为直接使用默认样式效果与设置图形对象效果的对比。

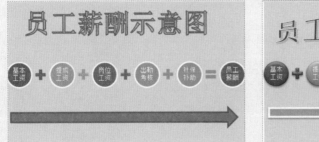

图3-31 图形对象效果设置前后的效果对比

3.6.3 美化图形时注意避免颜色过于花哨

在使用图形对象时，我们建议最好不使用其默认的样式效果，但要提醒用户的是，在美化和设置图形格式的过程中，也要注意避免颜色过于花哨，因为图形对象太花哨，就没有定位，也就是没有一个主风格，而表格的整体风格又是固定的，所以就很难实现表格风格与图形图像风格的统一、协调。

同时，大多数情况下，图形对象在表格中都是一个陪衬、充实的作用，若图形对象的颜色过于花哨，就会喧宾夺主，这也是违背图形对象的使用规则的。

图3-32所示为设置图形颜色是否过于花哨的对比效果。

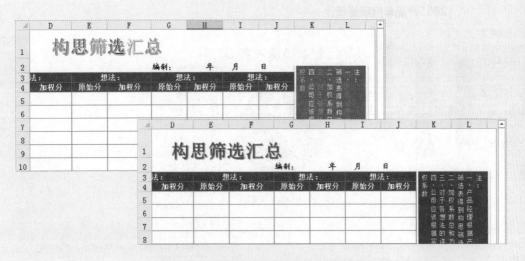

图3-32 图形对象颜色设置的对比效果

3.6.4 设计感不强的用户可以套用样式

无论是对表格或图形对象采用哪种方式的设置，其目的都是让表格整体美观、好看，从而也体现制表人的专业水平，甚至是组织的整体形象。

对于一些设计感较强的用户，能很好地把握颜色的搭配、对象位置摆放、大小匹配等，那么这些用户就可以手动对表格进行设计，更好地体现设计者个性。

但对于一些设计感不强的用户，最好是直接套用系统中自带样式，以此避免手动设计出的表格不美观或不专业。

3.6.5 对比效果的图形一定要深浅颜色搭配

在对比效果的图形，也就是有比较和区分的图形中，如以图表为例，要对比和区分不同数据的大小、多少或比例等，就应该为不同数据系列填充深浅搭配的颜色，让阅读者一眼就能看出来。

图3-33所示为在图表中的形状使用同一深浅色填充数据系列的效果。图3-34所示为在图表中的形状使用深浅搭配色填充数据系列形状的效果。

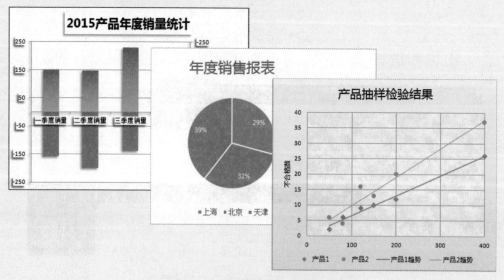

图3-33 同一深色填充效果

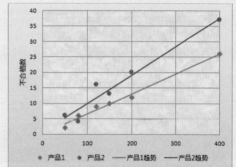

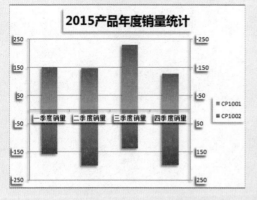

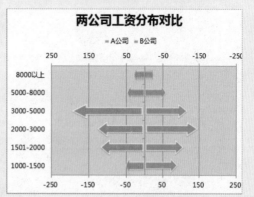

图3-34 使用深浅搭配色填充效果

从上面可以看出在图表图形中使用深浅搭配颜色进行搭配的效果，可明显看出数据之间的对比效果。但顺便提醒用户要注意的是，使用颜色的深浅来进行对比，颜色应用的对象不要过多，否则就会出现颜色太花哨的效果，适得其反，如图3-35所示。

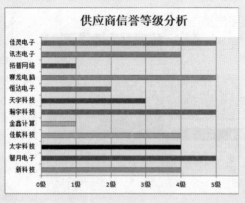

图3-35 颜色过多的效果

管理和计算数据要遵守这些规则

本章导读

管理和计算数据是非常实用和重要的功能，所以用户不仅要知道它们是什么，还要知道它们容易在哪里"耍个性"，这样才能游刃有余地管理和计算数据。

本章要点

数据限制要求
数据筛选易出的怪相
数据的引用和计算方式

产品名称	请购数量
耳塞	6
	12
	9

F	G
订购日期	验收日期
2009/6/18	2009/7/4

¥ 24,295.00	¥ 8,694.00	¥ 25
¥ 25,167.00	¥ 28,659.00	¥ 28

第1周	姓名	第3周
>=20469	李娟	<=25773

表

未收款金额	利率（月）
¥ 5,600.00	4.00%
¥ 1,600.00	4.00%
¥ –	5.00%
¥ 5,800.00	4.00%

=AVERAGE(企业概况,规章制度)>=70

姓名
鱼家羊
秋引春
那娜
杨恒露
许阿

预计需要时间 （单位：天）	预计完成时间
15	2012年5月7日
30	2012年6月12日
17	2012年7月5日
65	2012年10月9日
72	2012年11月21日
36	2012年11月2日

LESSON 4.1 数据限制要求

在表格中，不仅可以输入各种数据，还能对这些数据进行限制，只要用户按照数据限制的要求就能实现，而且非常简便。下面就分别介绍数据限制的几项要求。

4.1.1 数据有效性应用的场合

数据有效性的应用其实就是为表格设置数据限制，但用户要明白，不是所有的表格都需要数据限制，它只能应用于特殊场合，下面在图4-1中来展示这些常见的需要使用数据限制的场合。

图4-1 数据限制的常用场合

4.1.2 设置数据有效性时忽略空值要注意

数据限制时，系统会要求用户手动设置对单元格中空值的处理方法，它分为两种：一是允许存在空值，也就是用户可以在单元格中不输入任何数据。

二是不允许单元格中存在空值，也就是让系统把单元格中的空值当做限制数据之一。

图4-2所示为不允许在"工种"单元格中输入空值而出现的警告提示对话框的效果。

图4-2 不忽略空值的数据限制效果

LESSON 4.2 数据筛选易出的怪相

在第1章中向用户介绍了如何筛选数据的常规经验知识，这里将向用户着重介绍在数据管理中，数据筛选过程中出现的一些常见的问题，帮助用户真正了解、认识、掌握和使用它。

4.2.1 高级筛选中容易出现的问题

高级筛选能将表格中具体数据筛选出来，但它需要手动设置筛选条件，而这些筛选条件，必须按照一定规则来进行设置，否则系统将无法识别并报错。下面分别对其进行介绍。

◆ **字段标题要正确**：在高级筛选中，系统只能对列标题进行高级筛选，而不能对行进行高级筛选，所以设置筛选条件时，一定要以列标题作为字段标题，而不能是行标题作为筛选的字段标题。图4-3（左）所示为使用错误的行标题"材质"为筛选条件的标题。图4-3（右）所示为使用正确的列标题"第1周"作为筛选条件的标题。

■ 错误的字段标题样式

	A	B	C	D
2	姓名	第1周	第2周	第3周
3	林质	¥ 20,469.00	¥ 18,959.00	¥ 13,328.00	¥
4	罗平	¥ 3,228.00	¥ 25,288.00	¥ 16,748.00	¥
5	张娟	¥ 9,060.00	¥ 12,318.00	¥ 4,162.00	¥
6	姚启红	¥ 1,956.00	¥ 23,040.00	¥ 25,061.00	¥
7	李娟	¥ 24,295.00	¥ 8,694.00	¥ 25,773.00	¥
8	罗丹	¥ 25,167.00	¥ 28,659.00	¥ 28,483.00	¥
9				
10		林质		
11		>=20469		

■ 正确的字段标题样式

	A	B	C	D
2	姓名	第1周	第2周	第3周
3	林质	¥ 20,469.00	¥ 18,959.00	¥ 13,328.00	¥
4	罗平	¥ 3,228.00	¥ 25,288.00	¥ 16,748.00	¥
5	张娟	¥ 9,060.00	¥ 12,318.00	¥ 4,162.00	¥
6	姚启红	¥ 1,956.00	¥ 23,040.00	¥ 25,061.00	¥
7	李娟	¥ 24,295.00	¥ 8,694.00	¥ 25,773.00	¥
8	罗丹	¥ 25,167.00	¥ 28,659.00	¥ 28,483.00	¥
9				
10		第1周		
11		>=20469		

图4-3 筛选条件的字段标题设置

◆ **筛选条件要以列的方式存在**：高级筛选条件中除了要使用列标题作为筛选条件字段外，还要让标题字段与具体筛选条件按照列的方式对应，不能是行方式的对应（因为原表格中列标题与数据是按照列进行对应）。图4-4（左）所示为错误字段标题与具体筛选条件按行对应的方式，图4-4（右）所示为正确字段标题与筛选条件列对应的方式。

■错误的筛选条件样式

姓名	第1周	第2周	第3周
林质	¥ 20,469.00	¥ 18,959.00	¥ 13,328.00
罗平	¥ 3,228.00	¥ 25,288.00	¥ 16,748.00
张娟	¥ 9,060.00	¥ 12,318.00	¥ 4,162.00
姚启红	¥ 1,956.00	¥ 23,040.00	¥ 25,061.00
李娟	¥ 24,295.00	¥ 8,694.00	¥ 25,773.00
罗丹	¥ 25,167.00	¥ 28,659.00	¥ 28,483.00
	第1周	>=20469	
	姓名	李娟	
	第3周	<=25773	

■正确的筛选条件样式

姓名	第1周	第2周	第3周
林质	¥ 20,469.00	¥ 18,959.00	¥ 13,328.00
罗平	¥ 3,228.00	¥ 25,288.00	¥ 16,748.00
张娟	¥ 9,060.00	¥ 12,318.00	¥ 4,162.00
姚启红	¥ 1,956.00	¥ 23,040.00	¥ 25,061.00
李娟	¥ 24,295.00	¥ 8,694.00	¥ 25,773.00
罗丹	¥ 25,167.00	¥ 28,659.00	¥ 28,483.00
	第1周	姓名	第3周
	>=20469	李娟	<=25773

图4-4 筛选条件格式的设置

◆ **筛选条件与字段标题一一对应**：筛选条件与字段标题不仅要以列的方式一一对应，还要求筛选条件的数据必须是该字段标题多对一的列标题下的数据，更不能超出或小于相应的数据范围，如"第1周"的最小销售量是12 300，那么筛选条件中，就不能出现小于12 300的情况。图4-5（左）所示为错误地将"第1周"数据字段标题与姓名数据相对应的情况，图4-5（右）所示为字段标题与具体筛选条件按照数据源中的对应方式对应的正确样式。

■字段标题与筛选条件未对应

姓名	第1周	第2周	第3周
林质	¥ 20,469.00	¥ 18,959.00	¥ 13,328.00
罗平	¥ 3,228.00	¥ 25,288.00	¥ 16,748.00
张娟	¥ 9,060.00	¥ 12,318.00	¥ 4,162.00
姚启红	¥ 1,956.00	¥ 23,040.00	¥ 25,061.00
李娟	¥ 24,295.00	¥ 8,694.00	¥ 25,773.00
罗丹	¥ 25,167.00	¥ 28,659.00	¥ 28,483.00
	第1周	姓名	第3周
	李娟	>=15420	<=25773

■字段标题与筛选条件对应

姓名	第1周	第2周	第3周
林质	¥ 20,469.00	¥ 18,959.00	¥ 13,328.00
罗平	¥ 3,228.00	¥ 25,288.00	¥ 16,748.00
张娟	¥ 9,060.00	¥ 12,318.00	¥ 4,162.00
姚启红	¥ 1,956.00	¥ 23,040.00	¥ 25,061.00
李娟	¥ 24,295.00	¥ 8,694.00	¥ 25,773.00
罗丹	¥ 25,167.00	¥ 28,659.00	¥ 28,483.00
	姓名	第1周	第3周
	李娟	>=20469	<=25773

图4-5 筛选条件与字段标题的对应

顺带补充，筛选条件可以不用考虑字段的先后顺序，也没有格式要求。

4.2.2 自动筛选不能正常进行的情况

要在表格中进行正常的自动筛选，也就是说能正常进入筛选状态和筛选出正确的结果，在表格中不能出现合并单元格和多重标题的情况。下面就对这两种情况分别进行介绍。

◆ **表格中有合并单元格**：若单元格中出现合并单元格，而且它们的位置是在标题行或数据主体中（除了末行），系统都不能进行正常的筛选，或筛选的结果不准确。如图4-6所示，表格主题中有合并单元格，让其筛选出"耳塞"的数据信息，正确的是有三条耳塞数据，但没能进行正常筛选的就只有一条数据信息。

■ 不正常的自动筛选结果

采 购 记 录 表						
产品名称	请购数量	供应商编号	单价	金额	订购日期	验收日期
耳塞	6	ES-25	¥32	¥192	2009/6/18	2009/7/4

■ 正常的自动筛选结果

采 购 记 录 表						
产品名称	请购数量	供应商编号	单价	金额	订购日期	验收日期
耳塞	6	ES-25	¥32	¥192	2009/6/18	2009/7/4
	12	ES-25	¥32	¥384	2009/6/24	2009/7/10
	9	ES-25	¥32	¥288	2009/6/26	2009/7/12

图4-6 自动筛选结果的对比

◆ **多重标题**：在多重标题中默认能进入上层标题的自动筛选状态，如表格中有两重标题，系统会自动进入第一重标题的筛选状态。如图4-7所示，用户本想进入最低层标题的自动筛选状态，可系统自动进入了第一重标题或表头的自动筛选状态，而不能正常进行筛选。

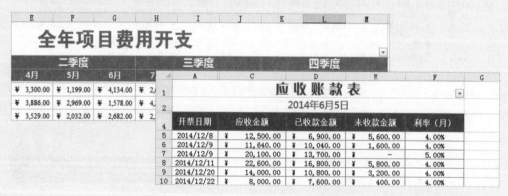

图4-7 多重标题不能正常进入筛选状态

多重标题按照结果上来看，也是经过合并单元格而来的，本应划分到合并单元格情况中，但它较为特殊，所以这里进行单独介绍。

4.2.3 在保护工作表中不能进行正常筛选

在受到保护的工作表中，"数据"选项卡中的自动筛选按钮呈现灰色不可用状态，如图4-8所示。而且高级筛选也无法实现，这将会打开如图4-9所示的提示对话框。

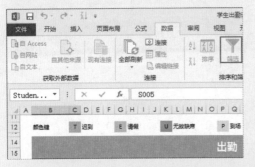 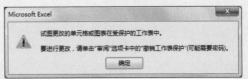

图4-8 受保护工作表中筛选按钮不能使用　　图4-9 提示无法正常高级筛选的对话框

4.2.4 筛选结果放置的位置

在Excel中筛选的数据结果，可以以两种位置来显示：一是在原来数据区域显示，将不符合条件的数据隐藏起来；二是将筛选结果放置到其他位置，源数据没有任何变化。

对于第二种放置筛选结果的位置，又可以分为两种情况：将筛选结果放置在当前工作表中或其他工作表中。

图4-10所示是在销售表中将南京城市中空调的销售数据筛选出来放置在本工作表中（或当前工作表中）。

	日期	销售人员	城市	商品	销售量	销售额		日期	销售人员	城市	商品	销售量
2	2014/5/27	曹泽鑫	南京	空调	35	98000.00		2014/5/27	曹泽鑫	南京	空调	35
3	2014/6/5	曹泽鑫	天津	彩电	27	62100.00		2014/6/26	房天琦	南京	空调	22
4	2014/6/13	曹泽鑫	南京	彩电	34	78200.00		2014/5/19	刘敬篁	南京	空调	18
5	2014/6/21	曹泽鑫	南京	冰箱	23	59800.00		2014/5/13	王勝宇	南京	空调	34
6	2014/6/21	曹泽鑫	杭州	冰箱	30	78000.00		2014/7/22	王学敏	南京	空调	38
7	2014/6/21	曹泽鑫	合肥	空调	12	33600.00		2014/6/28	周德宇	南京	空调	24
8	2014/6/21	曹泽鑫	太原	电脑	17	146200.00		2014/7/2	周德宇	南京	空调	45
9	2014/6/25	曹泽鑫	南京	冰箱	17	44200.00		2014/7/7	周德宇	南京	空调	25
10	2014/6/25	曹泽鑫	天津	空调	41	114800.00		2014/7/9	周德宇	南京	空调	36
11	2014/6/25	曹泽鑫	天津	相机	24	88560.00		2014/7/21	周德宇	南京	空调	37
12	2014/7/6	曹泽鑫	南京	相机	37	136530.00						

图4-10 将筛选结果放置在当前工作表中

图4-11所示为在销售表中将南京城市中空调的销售数据筛选出来放置在"Sheet1"工作表中的效果。

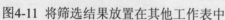

图4-11 将筛选结果放置在其他工作表中

　　当用户需要将筛选结果放置在其他工作表中，也就是数据源所在的工作表的其他工作表（也可理解为跨工作表放置筛选结果）中，不能在数据源所在的工作表中进行筛选，而将筛选结果放置的位置设置在其他工作表中，这时系统就会自动报错。

　　如图4-12所示，用户是在"家电销售明细"工作表中进行筛选，而将筛选结果的放置位置设置在"Sheet1"工作表中，此时系统打开错误提示对话框报错。

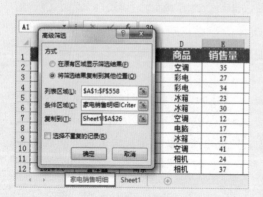

图4-12 跨工作表放置筛选结果的错误方法

　　那么正确的方法应该是：先切换到要放置筛选结果的工作表中，使其成为当前活动工作表，然后打开"高级筛选"对话框，选择数据源和条件区域，并将筛选结果设置在当前工作表中即可。图4-13所示是将"家电销售明细"工作表中的数据筛选出来放置在"Sheet1"工作表中的正确方法。

图4-13 跨工作表放置筛选结果的正确方法

4.2.5 高级筛选的条件也能是空值

在高级筛选中，筛选条件通常是字段加赋值的方式，其实在一些特殊的情况中，也可不用为其赋值，如要筛选出源数据中的空白字段数据，那么此时用户只需将筛选条件的字段赋值设置为空值，然后通过高级筛选功能即可。

如用户要将档案表中的籍贯没有填写的数据信息筛选出来，只需将高级筛选条件区域设置为"籍贯＝"，再进行高级筛选筛选出相应的结果即可，如图4-14所示。

	出生年月	籍贯	参加工作时间	联系方式	所属部门					
2										
3	1975年01月23日	福建省	1995年2月2日	1304019****	行政中心					
4	1975年05月07日		1995年5月20日	1326943****	厂务部					
5	1975年01月06日	宁夏回族自治区	1995年6月12日	1329520****	采购部			籍贯		
6	1975年05月10日		1995年8月23日	1323519****	厂务部			＝		
7	1975年05月28日	北京市	1996年1月10日	1368444****	采购部					
8	1975年07月20日	湖北省	1996年6月30日	1349547****	厂务部					
9	1975年02月24日		1996年8月17日	1361987****	销售部					

	编号	姓名	性别	民族	身份证号码	出生年月	籍贯	参加工作时间	联系方式	所属
13										
14	YGBH034839	李志科	女	汉	619***19750507****	1975年05月07日		1995年5月20日	1326943****	厂务
15	YGBH034934	陈璨	男	汉	434***19750510****	1975年05月10日		1995年8月23日	1323519****	厂务
16	YGBH035294	赖艳辉	女	汉	362***19750224****	1975年02月24日		1996年8月17日	1361987****	销售
17	YGBH035321	谭妮娜	男	汉	655***19750615****	1975年06月15日		1996年9月13日	1394757****	厂务
18	YGBH035354	刘易杰	男	汉	147***19760711****	1976年07月11日		1996年10月16日	1367850****	厂务
19	YGBH035366	吴涛	男	汉	368***19750107****	1975年01月07日		1996年10月28日	1367850****	厂务
20	YGBH035434	熊健思	男	汉	644***19750723****	1975年07月23日		1997年1月4日	1354590****	总务
21	YGBH035441	甘娜	女	汉	811***19761013****	1976年10月13日		1997年1月11日	1309891****	厂务
22	YGBH035563	叶艳芳	男	汉	447***19760117****	1976年01月17日		1997年5月13日	1319090****	销售

图4-14 高级筛选为空值的筛选效果

4.2.6 高级筛选条件公式化

所谓的高级筛选条件公式化，其实就是让公式来充当高级筛选条件，来让系统根据数据源自动对相应的数据进行计算，然后根据计算结果再作为高级筛选条件进行筛选。

图4-15所示是使用AVERAGE()函数计算出企业概况和规章制度的成绩分数大于70分的数据，作为高级筛选条件，并成功地筛选出相应的结果。

	A	B	C	
43	=AVERAGE(企业概况,规章制度)>=70			
44				
45	姓名	企业概况	规章制度	法律
46	鱼家羊	80	75	78
47	秋引春	64	70	79
48	那娜	76	84	75
49	杨恒露	67	75	69
50	许阿	77	84	74
51	李好	78	74	77
52	汤元	72	66	75
53	令狐洪	78	75	71

使用公式或函数作为筛选条件时，无需设置字段数据。

图4-15 使用函数作为筛选条件

数据的引用和计算方式

在Excel中，数据的计算与管理同样重要，它能将各种复杂的数据进行快速计算，帮助用户提高工作效率。但用户在数据引用和计算方式上要遵循以下规则。

4.3.1 单元格的命名原则

在Excel中为单元格或单元格区域进行命名，要遵循一定规则，不能随意定义。图4-16所示为Excel中定义单元格名称的禁忌。

1 单元格的名称，必须以字母或汉字打头，当然也可以是字母和数字的组合。

2 单元格的名称不仅要与相应的单元格数据有一定的联系，而且还要能够简单易记。

3 单元格的名称，可以有下画线、小数点、句号等，但不能包含空格、省略号等其他符号。

4 同一工作簿中或工作表中不能出现相同的单元格名称（若同一工作簿中出现相同名称可改变它的作用范围）。

5 定义的单元格名称最好不要与系统内置名称相同，尽量不将单元格名称定义为Pint_Area、Print_Titles等，以免导致错误。

图4-16 单元格名称定义规则

4.3.2 单元格的应用场合

为单元格定义名称的目的，是为了方便引用，如在公式或函数中引用单元格名称参与计算，将会使整个公式或函数的结构更加简洁、明了。图4-17所示为使用单元格名称参与全年"合计"列求和公式计算的对比效果。

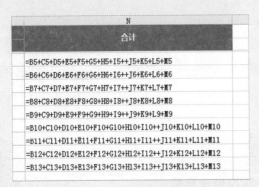

N
合计
=B5+C5+D5+E5+F5+G5+H5+I5++J5+K5+L5+M5
=B6+C6+D6+E6+F6+G6+H6+I6++J6+K6+L6+M6
=B7+C7+D7+E7+F7+G7+H7+I7++J7+K7+L7+M7
=B8+C8+D8+E8+F8+G8+H8+I8++J8+K8+L8+M8
=B9+C9+D9+E9+F9+G9+H9+I9++J9+K9+L9+M9
=B10+C10+D10+E10+F10+G10+H10+I10++J10+K10+L10+M10
=B11+C11+D11+E11+F11+G11+H11+I11++J11+K11+L11+M11
=B12+C12+D12+E12+F12+G12+H12+I12++J12+K12+L12+M12
=B13+C13+D13+E13+F13+G13+H13+I13++J13+K13+L13+M13

N
合计
=_1月+_2月+_3月+_4月+_5月+_6月+_7月+_8月+_9月+_10月+_11月+_12月
=_1月+_2月+_3月+_4月+_5月+_6月+_7月+_8月+_9月+_10月+_11月+_12月
=_1月+_2月+_3月+_4月+_5月+_6月+_7月+_8月+_9月+_10月+_11月+_12月
=_1月+_2月+_3月+_4月+_5月+_6月+_7月+_8月+_9月+_10月+_11月+_12月
=_1月+_2月+_3月+_4月+_5月+_6月+_7月+_8月+_9月+_10月+_11月+_12月
=_1月+_2月+_3月+_4月+_5月+_6月+_7月+_8月+_9月+_10月+_11月+_12月
=_1月+_2月+_3月+_4月+_5月+_6月+_7月+_8月+_9月+_10月+_11月+_12月
=_1月+_2月+_3月+_4月+_5月+_6月+_7月+_8月+_9月+_10月+_11月+_12月
=_1月+_2月+_3月+_4月+_5月+_6月+_7月+_8月+_9月+_10月+_11月+_12月

图4-17 单元格名称应用公式前后效果

图4-18所示为使用单元格名称参与函数计算工资所发总数的前后对比效果。

=SUM(D3:D14, E3:E14, F3:F14)				
D	E	F	G	H
¥786.80	¥1,200.00	¥200.00	否	
¥1,555.20	¥1,200.00	¥200.00	是	
¥96.00	¥1,200.00	¥200.00	是	
¥72.00	¥1,200.00	¥200.00	否	
¥96.00	¥1,200.00	¥200.00	是	
		所发工资总数:	¥29,146.22	

=SUM(基本工资,其他补贴,提成金额)				
D	E	F	G	H
¥786.80	¥1,200.00	¥200.00	否	
¥1,555.20	¥1,200.00	¥200.00	是	
¥96.00	¥1,200.00	¥200.00	是	
¥72.00	¥1,200.00	¥200.00	否	
¥96.00	¥1,200.00	¥200.00	是	
		所发工资总数:	¥29,146.22	

图4-18 单元格名称参与函数计算的前后效果

从上面的图片可以看出，使用定义名称参与公式和函数的计算，能让整个计算变得清晰、明了。

4.3.3 常用类函数中使用频率最高的函数

在Excel 2013中，函数大概有三百多个，但用户不需要全部记忆（除常用函数必须掌握，如SUM()、AVERAGE()、IF()、MIN()、MAX()函数），也不会全部使用，因为其中有些函数具有很强的专业性，在一般商务办公中，使用的概率不高，所以用户可将各类型函数中使用频率最高的函数进行掌握，然后再使用同样的方法来学习、掌握和使用其他不常使用的函数。下面就分别对这些使用频率最高的函数进行介绍。

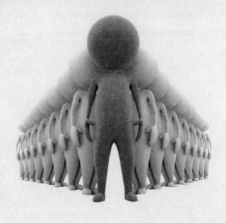

◆ **财务函数类**：在财务函数类中使用频率较高的函数有3个：PMT()、PPMT()和PV()函数。它们常用来计算贷款、投资等相关数据。图4-19所示为分别使用PMT()、PV()和PPMT()函数分别计算投资、还贷金额的效果。

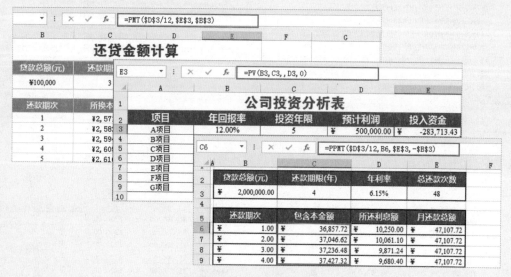

图4-19 财务函数的应用

◆ **逻辑函数类**：这类函数用于逻辑判断，返回是（true）/否（false），其中使用频率较高的函数有3个：IF()、AND()和OR()函数。图4-20所示为联合使用IF()、AND()和OR()函数参与判断员工的考试成绩的效果。

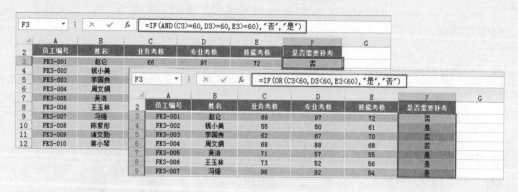

图4-20 逻辑函数的应用

◆ **文本函数类**：它主要用于字符的获取，返回的可能是具体字符，也可能是字符值，其中使用频率较高的函数有两个：TEXT()和CONCATENATE()函数。图4-21所示为使用TEXT()、CONCATENATE()函数分别用于提取员工性别和出生年月信息的效果。

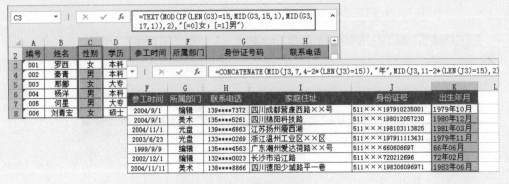

图4-21 文本函数的应用

◆ **日期和时间函数类**：它主要用于日期和时间的获取和计算，其中使用频率较高的函数有5个：WEEKDAY()、WORKDAY()、DATE()、TODAY()和HOUR()函数。图4-22所示为分别使用WEEKDAY()、WORKDAY()、TODAY()和HOUR()函数来计算日期和时间的效果。

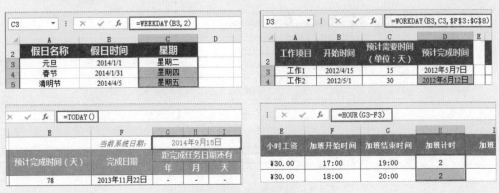

图4-22 日期和时间函数的应用

◆ **查找和应用函数类**：它主要用于查找或匹配表格中数据，其中使用频率较高的函数有4个：VLOOKUP()、INDEX()、OFFSET()和MATCH()函数。图4-23所示为分别使用VLOOKUP()、INDEX()、OFFSET()和MATCH()函数用来参与实际计算的效果。

		=OFFSET($A$2, MATCH($A$21, $A$3:$A$18, 0),,,7)									
A	B	C	D	E	F	G	H	I	J	K	L
周凯	¥ 238.00	¥ 146.00	¥ 500.00	¥ 129.00	¥ 139.00	¥ 1,152.00					
朱丽丽	¥ 240.00	¥ 148.00	¥ 533.00	¥ 113.00	¥ 104.00	¥ 1,138.00					
姓名	工资外补贴	教育经费	社会保险费	住房公积金	困难补助	汇总					
肖华	¥ 234.00	¥ 106.00	¥ 509.00	¥ 107.00	¥ 92.00	¥ 1,048.00					

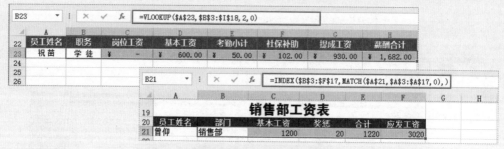

图4-23 查找和应用函数类的应用

◆ **数学和三角函数类**：它主要用于关于精度的计算，如正弦、余弦、面积等计算。其中使用频率较高的函数有7个，分别是SQRT()、PI()、INT()、ABS()、ROUND()、SIN()和COS()函数。图4-24所示为使用SQRT()、PI()、SIN()和COS()函数参与实际计算的效果。

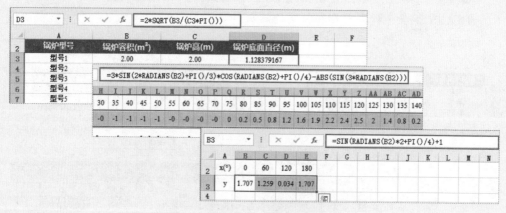

图4-24 数学和三角函数的应用

◆ **信息函数类**：它主要用于询问表格中的数据"是不是"，如是不是数值、是不是空格、是不是文本等。其中使用频率较高的函数有4个，分别是ISERROR()、ISNA()、ISTEXT()和N()函数。图4-25所示为使用ISERROR、ISNA()、ISTEXT()和N()函数参与实际计算的效果。

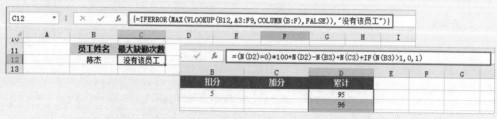

图4-25 信息函数的应用

CHAPTER 05

这样使用图表更加合理

本章导读

在本章中将会主要讲解如何合理地使用图表来展示和分析数据，告诉用户哪些是图表的禁忌以及一些老道的处理方法。

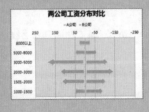
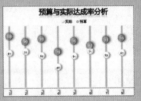
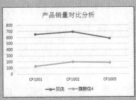
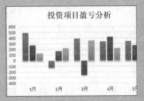
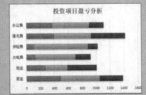
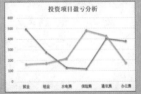

本章要点

文不如表，表不如图
什么样的图表才规范
常用图表类型的制作原则

文不如表，表不如图

所谓文不如表，表不如图，实际上所说的是抽象的传递信息不如直观地展示，而文本数据就是相对抽象的信息，而表和图表则更加直观，所以从信息传递效果来说，能直观地表达和分析的数据就不用抽象的表达。

5.1.1 数据演变成图表的过程

图表是分析数据的一大利器，但用户并不一定知道它的形成过程，下面通过图5-1来展示它的一个形成过程，从而帮助用户更好地认识和理解图表。

图5-1　图表的形成过程

5.1.2 如何从数据源中提取有用的图表信息

用户制作的图表，是根据用户选择的数据源来绘制图表，所以用户在选择数据源时，一定要选择有用的数据信息，这样才能有效地分析数据。

那么用户如何从数据中提取有用的图表信息呢，可以从下面两个方面进行。

◆ **量化数据信息的提取方法：**所谓量化数据，其实就是一些具体的数据，可用来比较、计算等，如工资表、销售表、业绩表、考勤表等。要获取这类数据信息，主要看制图表人要分析哪方面的数据以及想表达的主题思想。图5-2所示为用户想要对比分析旗舰店各种材料地板的销售情况，所以它在数据源中选择的是B3:C7单元格区域数据。

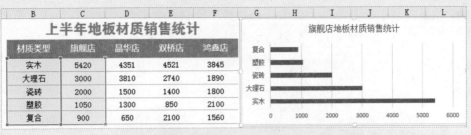

图5-2 量化数据源信息提取

◆ **非量化数据信息的提取方法**：非量化数据信息是不太合适使用具体数字来表示的，主要是一些描述性的数据信息，如项目规划、会议安排等，对于这样的数据信息获取，用户可从时间的先后上入手。图5-3所示的图表就是典型的从时间进度上的先后顺序上来提取数据。

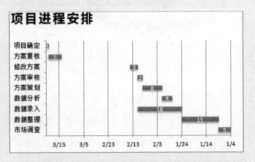

图5-3 按时间先后获取信息的图表效果

5.1.3 图表到底可以展示哪些关系

图表是分析数据的工具，可以清晰明白地展示各类数据之间的关系和其他一些信息。那么图表到底能展示哪些关系呢？下面就为用户进行简单介绍。

◆ **对比关系**：这类关系展示非常常见，如对比各个产品在不同的时间、销售点或区域的销售情况，常用到的图表有柱形图和条形图等。图5-4所示为使用条形图和柱形图来对比两组相关的数据。

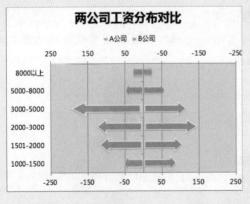

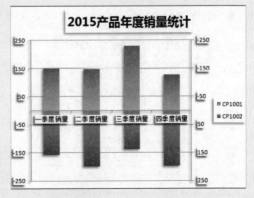

图5-4 对比关系的图表效果

◆ **比重关系**：它主要用于展示几类数据在整个数据中的占比情况，一般用饼图来表示。图5-5所示为使用饼图来展示和分析各组数据的占比情况。

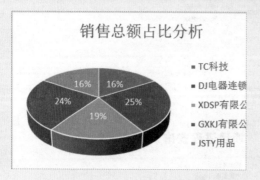 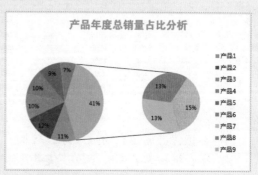

图5-5 比重关系的图表效果

◆ **趋势关系**：它主要用于展示一段时间和日期范围内，数据的大体走势以及变化波动。这类关系的展示一般使用折线图或图表趋势线。图5-6（左）所示为产品在第一季度和第二季度之间的生产走势。图5-6（右）所示为添加趋势线来展示产品在全年的大体趋势。

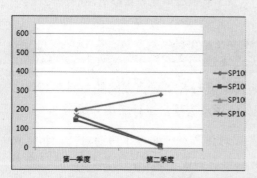 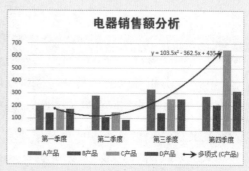

图5-6 走势关系的图表效果

◆ **范围/频率关系**：它主要用于展示数据在哪个数据段或时间范围内，出现的个数或次数，常用散点图来展示。图5-7所示是使用散点图来展示全年销售额分布的大体范围。

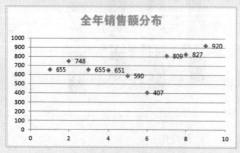 

图5-7 范围/频率关系的图表效果

LESSON 5.2　什么样的图表才规范

在商务活动中，表格中的所有对象都要规范，当然也包括图表。只有这样才能体现制表人的专业和水平。下面就来逐一介绍什么样的图表才算是真正的规范，以帮助用户认识和制作规范的图表。

5.2.1 标题设计要直接，避免曲解

在表格中，表头数据是表格数据的主题和中心思想，使阅读者快速清楚明白表格的主题。同样的图表的标题，也是这样，能让图表查看者可以一眼就明白图表要展示和分析什么，不会产生曲解。

所以在设计图表标题时，一定要注意以下几点。

◆ **标题要正确**：标题起到提纲挈领的作用，若用户设置的标题不正确或与图表数据没关系，那么图表就是再漂亮，也是错误的、没有用的、没有价值的，所以图表标题设置的第一步就是要明白图表要展示和分析的是什么，否则就会出笑话。图5-8（左）所示图表的标题是楼盘销售，而图表数据则是产品的季度销售，所以该标题与图表数据完全无关。而图5-8（右）所示才是正确图表标题。

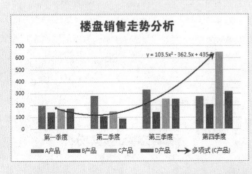 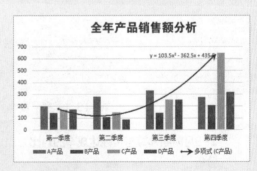

图5-8　图表标题正确与否的对比

◆ **标题中含有关键字**：标题的意思是清晰、明白，主要是靠标题中关键字来起作用，如分析销量，那么销量就是关键字。对比产品销售额，那么其中对比和销售额就是关键字，所以用户设计图表标题时，一定要在标题中包含关键字。图5-9所示为同一图表，标题中是否含有关键字的效果对比。

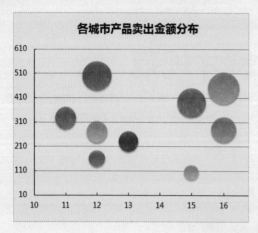
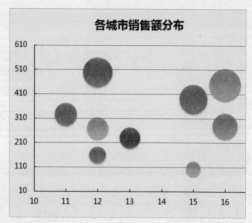

图5-9 标题关键字的应用

◆ **描述不要过于啰唆或过长：** 标题就是要言简意赅，不要太啰唆，只要能将意思表述清楚就行，同时还要避免标题文本过长，影响整个布局，一般图表的标题都只占有图表宽度的1/3~2/3。图5-10所示为啰唆与正常标题的对比效果。图5-11所示为标题过长与合适的效果对比。

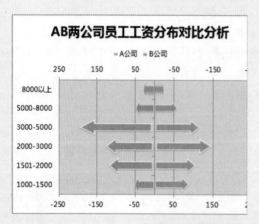
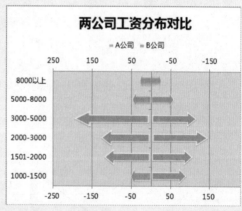

图5-10 描述啰唆与正常的标题对比效果

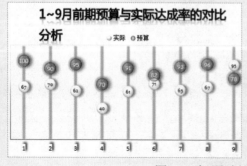
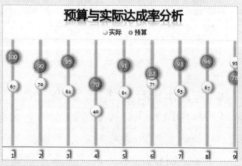

图5-11 标题过长与合适的效果对比

5.2.2 单个图例可以省略

在图表中，若是只有单个图例就会显得太单调，而且占用很多区域，若用户没有办法再进行图例的增加，可以将其省略掉，来使整个图表协调、美观。图5-12所示为单个图例的存在和省略效果的对比。

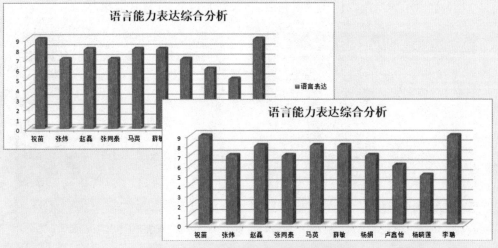

图5-12 单个图例显示与省略的效果

5.2.3 合理布局图表，让展示更清晰

普通图表一般都包括3个部分：图表标题、图例和绘图区。有时会出现副标题，但这样的情况不多。图表的布局就是调整这些组成部分相对的位置，使图表整体协调、美观，清晰地展示出图表的主题。

但用户在设置图表布局时，除了特殊的图表部分需要手动进行调整，如删除单个的图例，微调图表标题的位置等外，还可以直接通过系统中快速布局来完成，用户只需选择合适的选项即可。

图5-13所示为合理布局与不合理布局的对比效果。

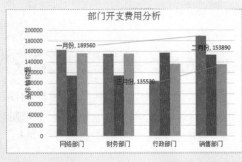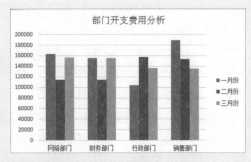

图5-13 合理布局与不合理布局的对比效果

5.2.4 慎用三维效果的图表

慎用三维效果，不代表就不用该样式的图表，而是让用户在设置图表的三维样式时，要把握三维样式的度，不能太过，也不能不足。过了会太强烈，而分散人的注意力。效果不足就看不出效果，等于做了无用的操作。

图5-14所示为原图表样式效果和应用合适的三维效果样式效果。

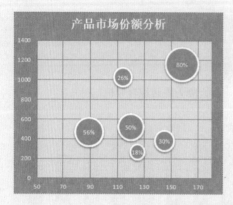 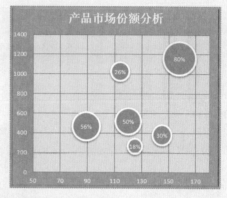

图5-14 应用合适三维效果图表与原图的对比

图5-15所示为设置图表的三维样式太强和太弱的对比效果。

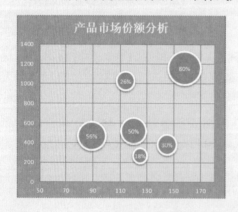 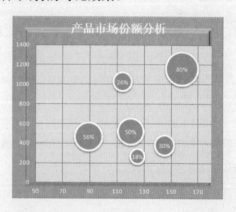

图5-15 图表的三维样式太强和太弱的对比效果

5.2.5 一个图表反映一种主题

不知道用户是否听过这句歌词："一个故事只有一个主题歌"，同样的图表也是这样，不能在图表中反映多个主题，否则阅读者就会产生迷惑，不知道哪个才是图表的主题。特别是在折线图中，用户一定要注意，图表中只能有一个主题，否则就会理不清。

如图5-16所示，用户可在折线图中看出多种主题，如展示总店产品销量与其他旗舰店销量对比的主题；各个店面产品销量在全年走势情况的主题；所以像这样的图表展示信息过多，容易让阅读者迷惑。

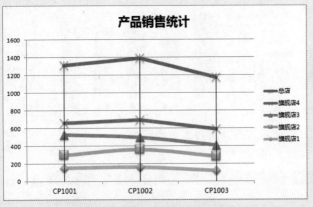

图5-16 主题太多的图表样式

那么用户若要将总店与旗舰店的产品销量进行对比，如图5-17所示，也可分别创建4个图表，或者在原图表中将总店的数据系列删除。

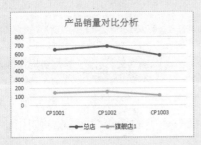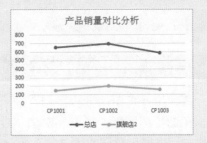

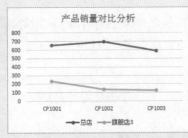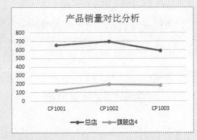

图5-17 一个主题的图表样式

5.2.6 将图表中的噪声去掉

图表中有噪声，并不是说图表真的能发出噪声，而是指图表中多余的元素，如背景、图片、样式、标签等。去除图表中的噪声，可以使图表变得简洁、大方

Chapter 01
Chapter 02
Chapter 03
Chapter 04
Chapter 05
Chapter 06
Chapter 07
Chapter 08

和清晰。图5-18所示为含有噪声的图表，经过去噪的前后对比效果。

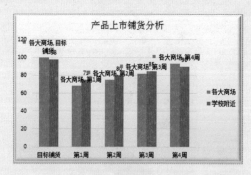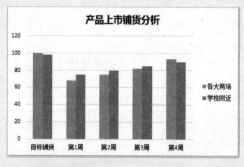

图5-18 图表去噪前后对比效果

LESSON 5.3 常用图表类型的制作原则

在Excel中图表有10种常规图表，用户可根据实际需要进行创建，来展示和分析表格数据。但在创建前一定要了解和掌握这些图表的制作原则，避免出现意料不到的失误，而表现出不够专业。

5.3.1 柱形图的分类不宜过多

要使用柱形图来分析数据，图表的数据源的类别不要太多，因为分类太多而柱形图的绘图区域，又有相对的宽度，所以每个分类的图形宽度就会被压缩，从而影响图表展示数据的效果。

所以若是数据源中分类太多，最好选择其他类型的图表，而不用柱形图。图5-19所示为柱形图分类太多与分类正常图表的对比效果。

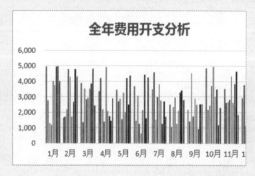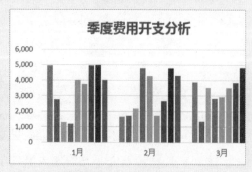

图5-19 柱形图的分类效果对比

5.3.2 正负数据存在时坐标轴位置要合适

在柱形图中，若有负数，系统会自动将图表分成正负数两部分，但横坐标轴仍然会保持在0值的水平位置，它不会自动移到数据系列的最下方。

但这两种坐标轴放置的位置没有绝对的合适与不合适，用户只要根据实际的情况来将其放置在合适的位置即可。图5-20所示为正负数据同时存在时，坐标轴放到不同位置的效果对比。

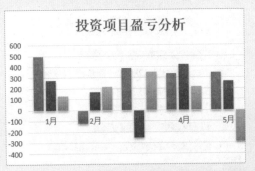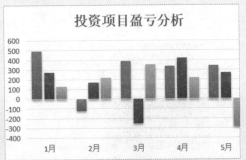

图5-20 正负数据图表中横坐标轴放置位置的效果对比

5.3.3 黑白打印的图表颜色怎么设置

黑白打印的图表，首先要考虑打印出来后图表的可读性，因为黑白打印出的效果，就只有黑和白两种，所以如果图表中的数据系列颜色都是深色或浅色，打印出来后就会是全黑色或灰色，不具有太强的可读性，如图5-21所示。

所以，用户要用黑白打印的方式打印图表前，就需要先将图表相邻的数据系列用深浅色来填充，这样就能保证打印出来的图表的可读性，如图5-22所示。

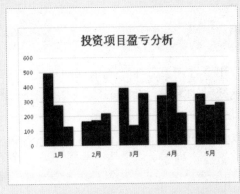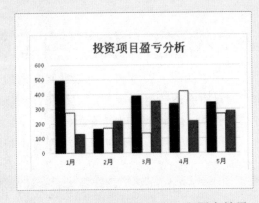

图5-21 可读性较差的黑白打印图表效果　　图5-22 可读性较强的黑白打印图表效果

5.3.4 分类标签过多时首选条形图

在5.3.1的知识点中讲过，若数据分类过多则不太适合使用柱形图，但分类数据较多的情况很常见，而且也要用图表来分析，这时，用户就可使用条形图来解决。

条形图虽然看起来是柱形图的一个顺时针翻转90°的效果，但条形图却有柱形图不具有的"堆积"功能，所以即使分类数据较多，条形图也能很好地将它们堆积。图5-23所示是使用条形图来展示和分析分类较多的数据效果。

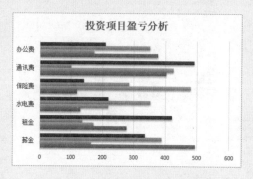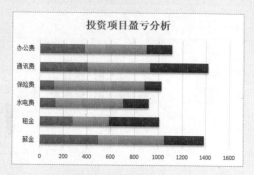

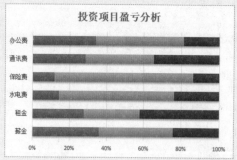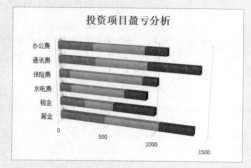

图5-23 条形图展示分类标签较多的效果

5.3.5 折线图中折现不宜过细

用折线图来展示和分析数据时，系统会用折线的方式来绘制数据的走势，用户通过查看折线来得出相应的结果，所以从视觉上来说，折线应该不太细，应该稍微粗点，让用户能很清楚查看。

图5-24（左）所示的是折线图表中折线太细的效果，图5-24（右）所示为折线粗细合适的效果。用户可以很清楚地看到折线太细不方便查看，而折线粗细合适，用户就能很清楚、直接地查看相应的结果。

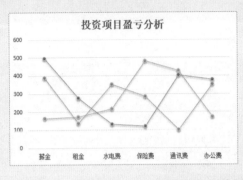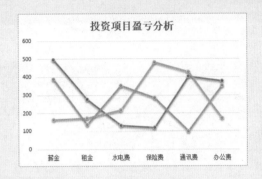

图5-24 折线图粗细的效果对比

从图中可以看出柱线图的折线粗点，图表的可读性就会好一些，但用户千万不要理解为折线越粗越好，太粗了就会影响整体的美观，而且不利于查看。图5-25所示就是折线太粗的折线图效果，可以看出不仅不美观，而且更加不方便查看。

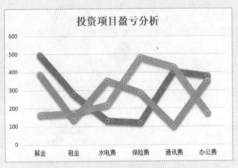

在折线图中折线最细不能细于网格线。

图5-25 折线太粗的图表效果

<h2>5.3.6 折线图中折线要尽量少</h2>

折线图中折线就是一段段的线条，所以如果折线图中的折线太多，它们就会像麻绳一样绕在一起，这时要想查看各个数据系列，那就会很不方便，因此图表的可读性将会大大降低，而且整个绘图区显得非常乱。

所以用户在使用折线图分析数据前，一定要考虑数据分类是否过多。在折线图中的分类数据最好为1~4个。

图5-26（左）所示是折线图表中折线太多的混乱效果，图5-26（右）所示为折线数量合适的清晰、简洁的效果。

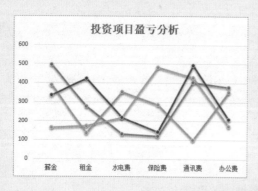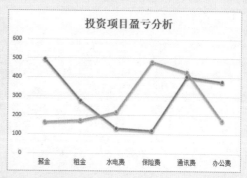

图5-26 折线图折线量多少的效果对比

5.3.7 饼图扇区不要过小

在饼图中，每一个分类数据会占有一个扇区，所以分类数据越多，扇区越多，那么每个扇区的面积就会缩小。若扇区太多，扇区面积太小，就会影响图表的可读性和实际分析数据的准确性。

图5-27（左）所示是扇区过多，导致扇区过小，可读性较差的效果。图5-27（右）所示为扇区面积合适的效果。

> 饼图中扇区的个数最好是2～6个，最多为6个。

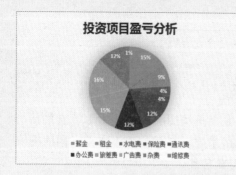

图5-27 饼图扇区大小的效果对比

5.3.8 饼图扇区较小时的处理方法

有时会在饼图中看到一些扇区非常小（占总数的5%左右的数据），有时甚至可以忽略它们的存在（这类扇区大多数是占总数的1%左右的数据）。对于这些扇区确实较小的，可通过以下两种方式来解决。

◆ **合并整理**：它是指在图表数据源中，将较小比例的数据合并在一起，组成一个"其他"项目，使其在饼图中的扇区变大，提高图表的可读性，同时不影响数据的分析和展示。图5-28所示为扇区比重在5%以下的数据合并整理成"其他"项的前后对比效果。

图5-28 合并整理图表数据源前后的对比效果

◆ **通过第二扇区解决**：饼图类型中有分离型饼图，它们有第二扇区。那么用户可人为地将一些扇区较小的数据，分到第二扇区中。图5-29所示是将扇区小于7%的数据分离到第二扇区的效果。

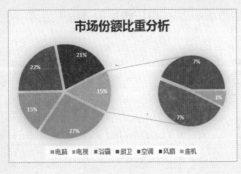

图5-29 扇区分离的效果

Chapter 01
Chapter 02
Chapter 03
Chapter 04
Chapter 05
Chapter 06
Chapter 07
Chapter 08

CHAPTER 06

Excel基础操作技巧

本章导读

前面的知识都是讲解经验、规范、原则等，从本章起到综合实战为止都是介绍一些非常实用和巧妙的技巧，以帮助用户更好更快速地操作Excel。

在本章中将会介绍Excel最基础的使用技巧，从而叩开Excel的学习大门。

本章技巧

技巧001 启动Excel时打开指定文件
技巧002 同时安装多版本Excel
　　　　设定优先打开方式
技巧003 设置Excel默认打开和
　　　　保存路径
……

产品	车间	第一季度
A产品	二车间	9350.70
B产品	二车间	7243.50
C产品	一车间	7243.50
D产品	三车间	6980.10
E产品	三车间	8955.60
F产品	一车间	13170.00
G产品	二车间	6716.20

第1周	第2周	第3周

部门	成员	食宿补助	
厂办	设计部	¥	200.00	¥
行政办	王红霞	¥	200.00	¥
行政办	张静	¥	200.00	¥
行政办	张亚明	¥	200.00	¥
销售部	张飞	¥	200.00	¥
销售部	张广仁	¥	200.00	¥
销售部	赵国华	¥	200.00	¥

	A	B	C
37	月工作量统计		
38			
39			
40		非写稿日	元日

1月 2月 3月 4月

D	E		
	星期四		星期五
	01		02
	08		09

成	基本工资		考勤
150.00	¥	1,600.00	¥	100.00
100.00	¥	1,800.00	¥	100.00
100.00	¥	1,800.00	¥	100.00
150.00	¥	1,600.00	¥	-10.00
100.00	¥	1,800.00	¥	100.00
150.00	¥	1,600.00	¥	100.00
150.00	¥	1,600.00	¥	-20.00

LESSON 6.1 Excel操作环境技巧

随着Excel版本的升级，它在人性和智能化方面都有了很大的提高，也就是给用户设置的权限更多，如操作环境、界面的自定义等，让用户可以选择适合自己的样式。下面就对设置Excel操作环境的技巧进行介绍。

技巧 001 启动Excel时打开指定文件

启动Excel时打开指定文件，其实就是设置Excel的默认打开工作簿。这对于要经常打开和编辑的同一文件夹下的工作簿的用户来说非常实用，具体操作如下。

1 打开 "Excel 选项" 对话框

通过 "文件" 选项卡进入BackStage界面，单击 "选项" 按钮，打开 "Excel 选项" 对话框。

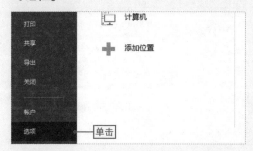

2 设置启动文件路径

❶单击 "高级" 选项卡，❷在 "启动时打开此目录中的所有文件" 文本框中输入路径，最后单击 "确定" 按钮。

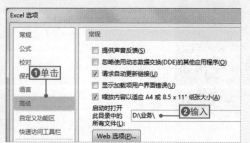

技巧 002 同时安装多版本Excel设定优先打开方式

在电脑中安装了多个版本的Excel，可以设置系统不将高版本覆盖低版本，而是允许它们同时存在，那么用户就可以根据实际需要来选择Excel文档的默认打开版本。

1 打开 "打开方式" 对话框

在Excel文档上右击，选择 "打开方式/选择默认程序" 命令，打开 "打开方式" 对话框。

② 选择默认打开程序

选择相应的Excel版本选项，作为Excel工作簿的默认优先打开程序，如这里选择Excel 2013对应的选项。

技巧 003 设置Excel默认打开和保存路径

在Excel 2013中，系统默认打开和保存路径都是"D:\Documents"，用户可根据实际工作需要来设置Excel的默认打开和保存路径，在打开和保存文件时，不用再选择路径，从而节省时间。

① 打开"Excel 选项"对话框

通过"文件"选项卡进入BackStage界面，单击"选项"按钮，打开"Excel 选项"对话框。

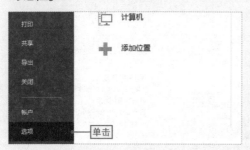

② 设置保存和打开文件路径

❶单击"保存"选项卡，❷在"默认本地文件位置"文本框中输入路径，最后单击"确定"按钮。

技巧 004 更改工作簿的默认显示格式

在Excel 2013中，默认的显示格式是".xlsx"，它表示是Excel 2013的文件，用户也可将其设置为其他版本的显示格式，如显示为2003的格式。其具体操作如下。

① 打开"Excel 选项"对话框

通过"文件"选项卡进入BackStage界面，单击"选项"按钮，打开"Excel 选项"对话框。

2 切换到"保存"选项卡中

❶单击"保存"选项卡，❷单击"将文件保存为此格式"下拉按钮。

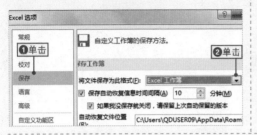

3 选择默认保存格式选项

选择相应的Excel文档的保存默认格式选项，最后单击"确定"按钮。

技巧 005 更换Excel的界面颜色

在Excel 2013中，有3种界面颜色——浅灰色、深灰色和白色，用户可根据自身的使用习惯进行更换。其快速操作如下。

1 打开"Excel 选项"对话框

通过"文件"选项卡进入BackStage界面，单击"选项"按钮，打开"Excel 选项"对话框。

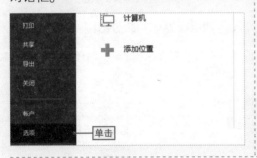

2 设置启动文件路径

❶在"常规"选项卡中单击"Office 主题"下拉按钮，❷选择相应的界面颜色选项，最后单击"确定"按钮。

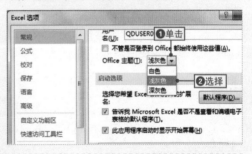

技巧 006 隐藏和显示功能区

在Excel 2013中，功能区是一个相对独立的模块，用户可根据实际需要对其进行隐藏和显示，这完全根据用户的当时界面需要。其快速操作如下。

1 折叠功能区

在任意功能区域上右击，选择"折叠功能区"命令，折叠功能区域。

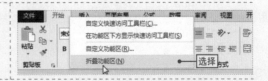

Chapter 01
Chapter 02
Chapter 03
Chapter 04
Chapter 05
Chapter 06
Chapter 07
Chapter 08

2 展开功能区

在任意选项卡上右击，再次选择"折叠功能区"命令，展开功能区。

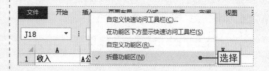

技巧 007　自定义添加快速访问工具栏中的命令按钮

在Excel 2013的快速访问工具栏中放置着常用的命令，可以方便用户快速启动。用户可以根据需求添加自定义命令，具体操作如下。

1 打开"Excel 选项"对话框

在快速访问工具栏中，右击，选择"自定义快速访问工具栏"命令，打开"Excel 选项"对话框。

2 添加快速访问按钮

❶选择要添加的命令按钮选项，❷单击"添加"按钮，最后单击"确定"按钮确认添加。

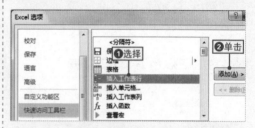

3 查看自定义快速命令按钮

返回工作表中即可在快速访问工具栏中看到自定义添加的快速访问按钮。

TIP 删除快速访问命令按钮

在要删除的命令按钮上，右击并选择"从快速访问工具栏删除"命令。

技巧 008　自定义功能区中的功能按钮

用户既然可以对快速访问工具栏中的命令按钮进行添加和删除，同样也可以通过添加功能区中的按钮，来满足用户实际的工作需要或软件的使用习惯。其快速操作如下。

① 打开"Excel 选项"对话框

在功能区域中任意位置右击，选择"自定义功能区"命令，打开"Excel 选项"对话框。

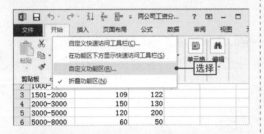

② 新建选项卡

在"自定义功能区"选项卡中单击"新建选项卡"按钮，新建选项卡和功能组。

③ 添加功能按钮

❶选择要添加的功能按钮，❷单击"添加"按钮，将命令按钮添加到选择的组中，单击"确定"按钮。

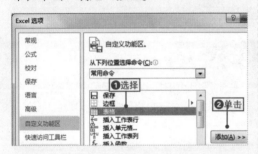

④ 查看添加的功能按钮

❶单击相应的选项卡，❷选择添加功能按钮的组。即可查看所添加的功能按钮。

技巧 009　将功能区中的功能按钮快速添加到快速访问工具栏

　　用户除了通过自定义的方式添加命令按钮到快速访问工具栏和功能区中，还可以将功能区中的按钮快速添加到快速访问工具栏中。其快速操作如下。

① 将功能按钮添加到快速访问工具栏中

在要添加到快速访问工具栏上的功能按钮上右击，选择"添加到快速访问工具栏"命令。

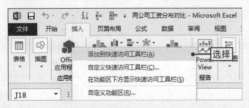

② 查看效果

在快速访问工具中即可查看相应的从功能区添加到访问工具栏中的按钮效果。

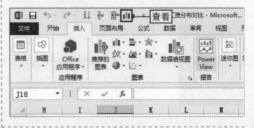

技巧 010　更改快速访问工具栏的位置

在Excel中，快速访问工具栏的位置是在软件的左上角，用户可以将其移到功能区的下方。其快速操作如下。

1　移动快速访问工具栏

在快速工具栏上右击，选择"在功能区下方显示快速访问工具栏"命令，移动快速访问工具栏。

2　查看快速访问工具栏移动效果

在工作表中即可查看相应的从功能区添加到访问工具栏中的按钮效果。

LESSON 6.2　工作簿的操作技巧

在第1章中我们介绍了工作簿的一些实用经验和规则，提醒用户要注意写什么，以及一些好的实用方法。这里将会向用户介绍Excel工作簿的操作技巧，帮助用户更好、更快地使用Excel工作簿。

技巧 011　根据模板创建工作簿

在Excel 2013中，系统自带了许多美观、实用的模板，用户可直接根据这些模板快速创建出带有格式和内容的工作簿。其快速操作如下。

1　选择模板样式

在"文件"选项卡中，❶单击"新建"选项卡，❷选择相应的模板样式选项。

2　创建模板文件

在打开的预览界面中，单击"创建"按钮创建模板文件。

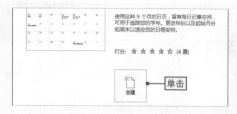

技巧 012 创建与当前内容完全相同的工作表

要创建与当前内容完全相同的工作表，用户可通过使用Excel的"窗口"功能来快速实现。其快速操作如下。

1 新建窗口

❶单击"视图"选项卡，❷单击"新建窗口"按钮。

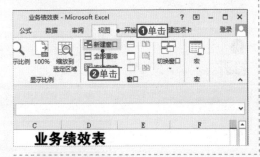

2 查看创建内容完全相同工作簿效果

系统会自动根据当前工作簿，创建内容完全相同的工作簿，并处于当前活动状态，显示在最前端。

技巧 013 根据指定属性打开文件

通常，我们打开工作簿都是根据它的名称来选择性地打开。除此之外，用户也可以通过文件的属性来指定打开。下面就通过将文件的修改日期作为指定属性来打开文件为例，来讲解其使用方法。

1 选择属性选项

打开"打开"对话框，❶将文本插入点定位到"搜索"文本框中，❷选择"修改日期"选项。

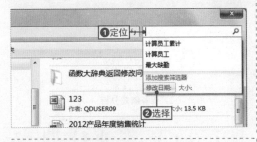

2 设置查找文件属性

在弹出的日期选择器中选择相应的日期，系统会根据用户的设置，自动查找出相应的Excel文件。

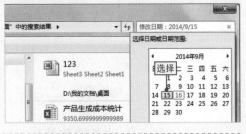

3 打开指定属性文件

❶选择相应的文件选项，❷单击"打开"按钮即可将其打开。

技巧 014 清除打开工作簿记录

在"打开"界面的"最近使用工作簿"选项中能看到最近用户打开过的工作簿，为了安全起见，用户最好清除这些打开记录。其快速操作如下。

1 设置最近使用工作簿的保留个数

打开"Excel 选项"对话框，❶单击"高级"选项卡，❷在"显示此数目的'最近使用的工作簿'"数值框中输入"0"。

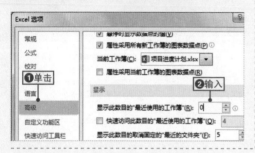

2 查看使用记录效果

按【Enter】键，在"打开"界面中的"最近使用的工作簿"选项中，可以看到没有任何使用记录。

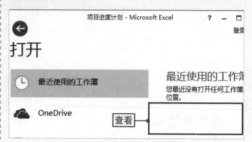

技巧 015 调整指定区域的显示比例

在表格中，用户若想对指定区域或对象进行放大或缩小，以方便查看，可通过调整指定区域的显示比例来快速实现。其快速操作如下。

1 选择指定区域或对象

❶选择要调整比例的指定区域或对象，❷单击"视图"选项卡。

2 调整显示比例

单击"缩放到选定区域"按钮，系统将自动调整选择的区域或对象显示比例。

技巧 016 巧妙修复受损的工作簿

有时用户在打开工作簿时，会看到工作簿受损而无法正常打开的提示，这时用户不要慌张，只需使用Excel的修复功能即可将其正常打开。其快速操作如下。

1 启动"打开"对话框

在BackStage界面中，❶单击"打开"选项卡，❷双击"计算机"图标按钮，打开"打开"对话框。

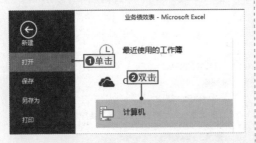

2 打开并修复工作簿

选择要修复的文件选项，❶单击"打开"按钮右侧的下拉按钮，❷选择"打开并修复"选项，将其修复并打开。

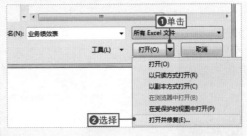

技巧 017 将工作簿转换为文本文件

用户不仅可以将工作簿保存为Excel文档，而且还能将其保存为文本文件，将其转换为Unicode字符，以方便数据的调用。其快速操作如下。

1 启动"另存为"对话框

在BackStage界面中，❶单击"另存为"选项卡，❷双击"计算机"图标按钮，打开"另存为"对话框。

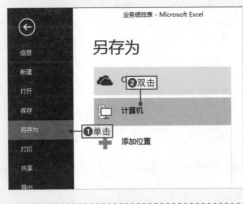

2 以文本格式保存文档

❶单击"保存类型"下拉按钮，❷选择"Unicode 文本"选项，按【Enter】键进行保存。

Chapter 01
Chapter 02
Chapter 03
Chapter 04
Chapter 05
Chapter 06
Chapter 07
Chapter 08

为工作簿设置权限密码

在一些工作簿中，会有非常重要或敏感的数据，只有指定的人员才能将其打开，如人事档案表、投资项目规划表等，这时用户可为其设置密码权限，为其装上"锁"。其快速操作如下。

1 启动"加密文档"对话框

在BackStage界面的"信息"选项卡中，❶单击"保护工作簿"下拉按钮，❷选择"用密码进行加密"命令。

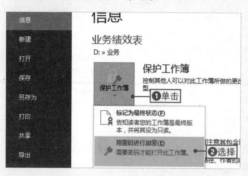

2 设置文档密码

打开"加密文档"对话框，❶在"密码"文本框中输入密码，❷单击"确定"按钮，打开"确认密码"对话框。

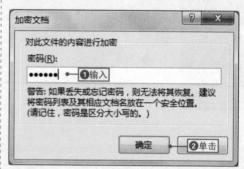

3 确认密码

❶在"重新输入密码"文本框中再次输入完全相同的密码，❷单击"确定"按钮。

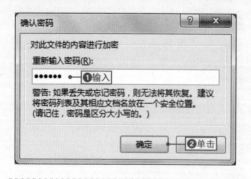

4 密码验证

当用户再次打开设置过密码保护的工作簿时，系统会自动打开"密码"对话框，要求用户输入正确密码后，才能正常打开工作簿。

保护工作簿的结构和窗口

若用户只是希望让工作簿的结构和窗口，不被他人随意修改，而可对工作簿中数据进行查看、编辑和修改等，这时用户只需对工作簿的结构和窗口进行保护。其快速操作如下。

1 启动"结构和窗口"对话框

❶单击"审阅"选项卡，❷单击"保护工作簿"按钮，打开"保护结构和窗口"对话框。

2 设置密码保护

❶在"密码（可选）"文本框中输入密码，❷单击"确定"按钮，打开"确认密码"对话框。

3 确认密码

❶在"重新输入密码"文本框中再次输入完全相同的密码，❷单击"确定"按钮。

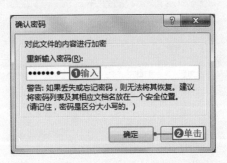

TIP 无密码保护

用户若不想设置密码来保护工作簿的结构和窗口，只需在打开的"保护结构和窗口"对话框中直接单击"确定"按钮（对于没有密码保护的工作簿，要取消其保护，只需再次单击"保护工作簿"按钮。对于设置密码保护的，只需在打开的"取消工作簿保护"对话框中输入正确的密码，单击"确定"按钮）。

技巧 020　设置文件的读写权限

在一些商务表格中，如福利表，我们希望他人只能对工作簿中的数据信息进行查看，而不允许编辑或修改等，从而实现对数据的保护。这时用户可通过文件的读写权限来进行限制和保护，其快速操作如下。

1 启动"另存为"对话框

在BackStage界面中，❶单击"另存为"选项卡，❷双击"计算机"图标按钮，打开"另存为"对话框。

2 启动"常规选项"对话框

❶单击"工具"下拉按钮，❷选择"常规选项"命令，打开"常规选项"对话框。

3 设置读写权限

❶在"修改权限密码"文本框中输入相应的密码，❷选中"建议只读"复选框，❸单击"确定"按钮。

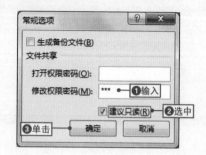

4 确认修改密码

打开"确认密码"对话框，❶在"重新输入密码"文本框中再次输入完全相同的密码，❷单击"确定"按钮。

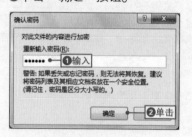

5 查看效果

返回"另存为"对话框，保存工作簿。当用户再次打开该工作簿时，系统会打开"密码"对话框，提示用户输入修改或写入权限的密码。

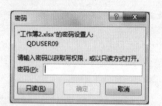

TIP 设置打开权限

若用户要设置工作簿的打开权限，可在"常规选项"对话框中通过设置"打开权限密码"来实现（作用与设置工作簿设置密码保护一样）。

TIP 以只读方式打开

用户也可直接单击"只读"按钮，以只读的方式打开工作簿。

技巧 021 标记文档为最终状态

在保护工作簿文档时，我们不一定要全靠密码来实现保护，也可通过一些标记信息来提醒其他用户工作簿的状态，如最终状态，不要再对其进行修改等，这样也会起到一定的保护作用，虽然不能完全保障工作簿数据安全，但是又不失为一个保护工作簿的方法。其快速操作如下。

1 启动标记最终状态功能

在BackStage界面中的"信息"选项卡中，❶单击"保护工作簿"下拉按钮，❷选择"标记为最终状态"命令。

2 确认标记并保存

在打开的提示信息对话框中，直接单击"确定"按钮确认将其工作簿标记为最终状态并保存。

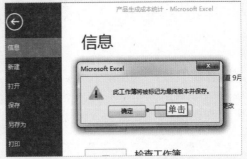

LESSON 6.3 工作表的操作技巧

掌握了工作簿的操作技巧后，我们就可以再向前走一步，来认识和掌握Excel中使用频率最高的工作表的操作技巧，从而帮助用户更快地实现对工作表的操作。

技巧 022 快速复制或移动工作表

在工作簿中，用户可以快速实现工作表位置的移动，或为工作表快速创建副本，这时可通过移动或复制工作表的技巧来快速实现。其快速操作如下。

1 快速创建副本

按住【Ctrl】键同时，拖动要创建副本的工作表标签，此时鼠标光标变成形状，到目标位置释放鼠标。

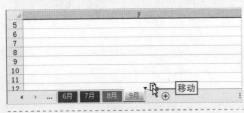

2 查看副本工作表效果

在工作表中即可查看快速创建的副本工作表效果。

TIP 移动工作表

选择要移动的工作表标签，按住鼠标左键不放，拖动到合适位置释放即可。

Chapter 01
Chapter 02
Chapter 03
Chapter 04
Chapter 05
Chapter 06
Chapter 07
Chapter 08

在工作簿中，若只有几张工作表，用户可通过单击相应的工作表标签即可进行切换，但对于有很多张工作表的工作簿中，如全年员工工资、工作量表格等，这种方法就不适用。这里介绍一种快速切换指定工作表的方法，其快速操作如下。

1 启动"激活"对话框

在工作表标签按钮区中右击，打开"激活"对话框。

TIP 快速切换到最后一张工作表中

在工作表切换按钮区域，按住【Ctrl】键同时单击，系统将自动切换到最后一张工作表。

2 指定切换的工作表

❶选择要切换到的工作表选项，❷单击"确定"按钮，系统即可快速切换到该工作表中，并在当前进行显示。

在前面的知识中，讲解了如何对工作簿进行保护，这里将会介绍对工作簿中单张工作表的保护技巧。其快速操作如下。

1 启动保护工作表功能

在要保护的工作表标签上右击，选择"保护工作表"命令，打开"保护工作表"对话框。

TIP 通过功能按钮打开"保护工作表"对话框

切换到要设置保护的工作表中，❶单击"审阅"选项卡，❷单击"保护工作表"按钮，打开"保护工作表"对话框。

2 启动标记最终状态功能

❶在"取消工作表保护时使用的密码"文本框中输入密码，❷选中允许用户对工作表的操作复选框，❸单击"确定"按钮。

3 确认保护密码

打开"确认密码"对话框，❶在"重新输入密码"文本框中再次输入完全相同的密码，❷单击"确定"按钮。

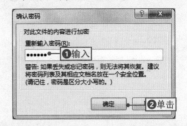

TIP 无密码保护

若用户不对工作表进行密码保护，只要在取消工作表保护时不在"使用密码"文本框中输入密码，直接确定即可。

技巧 025 指定工作表的可编辑区域

对工作表保护，是将整个工作表保护起来，若用户需要制定一部分区域作为可编辑区域，就不能通过保护工作表功能来实现。这时可通过如下操作来实现。

1 启动"设置单元格式"对话框

❶按【Ctrl+A】组合键选择整个表格，❷单击"字体"组中的"对话框启动器"按按钮，打开"设置单元格格式"对话框。

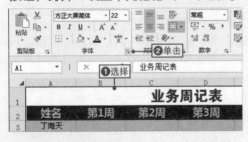

2 锁定单元格

❶单击"保护"选项卡，❷选中"锁定"复选框，按【Enter】键确认。

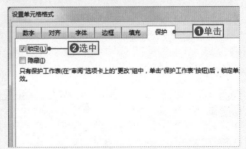

3 选择可编辑区域

在表格中选择可编辑区域，按【Ctrl+1】组合键，再次打开"设置单元格格式"对话框。

4 取消锁定状态

取消选中"锁定"复选框，按【Enter】键确认。

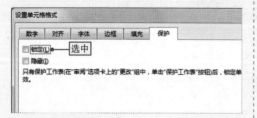

5 切换选项卡

❶单击"审阅"选项卡，❷单击"保护工作表"按钮。

6 设置工作表保护

打开"保护工作表"对话框，直接单击"确定"按钮完成设置。

> **TIP 取消设置的可编辑区域**
>
> 用户若要取消可编辑区域的设置，直接取消工作表的保护即可。

技巧 026 灵活拆分工作表

　　工作表虽然是一整张，但用户仍然可根据实际需要来对其进行灵活拆分，将其变成基本部分，方便数据的查看。其快速操作如下。

1 选择拆分位置

❶在表格中选择拆分位置，❷单击"视图"选项卡，切换选项卡。

2 拆分表格

❶单击"窗口"组中的"拆分"按钮，拆分表格。❷在表格中滚动鼠标滑轮即可查看效果。

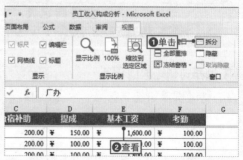

技巧 027 将指定数据冻住

拆分表格是将表格拆分为相同的几部分，若用户只想让表格中的部分固定不动，也就是将其冻住，如要固定标题行、首列来查看数据等，可使用快速冻结表格的方法。其快速操作如下。

1 选择冻结位置

❶在表格中选择要冻结的位置，❷单击"视图"选项卡，切换选项卡。

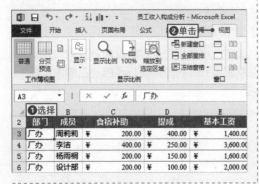

2 冻结表格

❶单击"冻结窗格"下拉按钮。❷选择"冻结拆分窗格"选项，冻结窗格。

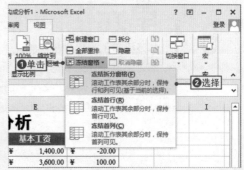

3 查看冻结效果

返回工作表中滚动鼠标滑轮即可查看表格冻结的效果。

TIP 快速冻结首行或首列

单击"冻结窗格"下拉按钮，选择"冻结首行"或"冻结首列"选项，冻结表格首行或首列。

技巧 028 成组编辑工作表

所谓成组编辑工作表，就是同时在多张工作表中进行相同的编辑，实现相同的目的，如相同数据的输入、编辑以及格式设置等，从而节省工作量，提高工作效率。其快速操作如下。

1 选定工作组

按住【Ctrl】键同时，单击目标工作表标签，将其组成一个工作组。

	类型		
34			
35			
36	月工作量统计		
37			
38		选定工作组	
39			
40			

| ◀ ▶ | 4月 | 5月 | 6月 | 7月 | 8月 | 9月 | 10月 | ⊕ |

2 编辑工作组

在目标单元格或单元格区域中进行输入、修改和设置等操作，如这里输入"非写稿日"数据（用户可在其他工作组中的工作表查看系统已经自动进行相同的操作）。

LESSON 6.4 单元格的操作技巧

单元格是工作表中最小的操作的单位，也是用户处理数据最直接的位置，同时也是操作最多的对象，所以以掌握单元格的操作技巧是提高工作效率最直接的方法之一。下面就具体介绍单元格中最常用的操作。

技巧 029 快速选择数据单元格

在商务表格中，经常要进行数据区域的选择，如选择数据源、套用表格样式等，所以这里介绍一种能快速选择数据单元格的方法。其快速操作如下。

1 选择数据单元格

要在表格中选择任意数据单元格，按【Ctrl+Shift+*】组合键，系统即可自动选择表格中包含数据的单元格。

	A	B	C	D
1		产品生成成本统计		
2	产品	车间	第一季度	第二季度
3	A产品	二车间	9350.70	9614.10
4	B产品	二车间	7243.50	12379.80
5	C产品	一车间	7243.50	10667.70
6	D产品	三车间	6980.10	8823.90

2 查看数据选择效果

在工作表中即可查看系统自动将包含数据单元格选择的效果。

	A	B	C	D
1		产品生成成本统计		
2	产品	车间	第一季度	第二季度
3	A产品	二车间	9350.70	9614.10
4	B产品	二车间	7243.50	12379.80
5	C产品	一车间	7243.50	10667.70
6	D产品	三车间	6980.10	8823.90
7	E产品	三车间		12643.20

技巧 030 选定指定的单元格

在工作中，用户若要选择指定的单元格，如查找空格、公式、应用过条件格式的单元格等，都可以通过快速查找的方式来实现。其快速操作如下。

1 启动定位条件功能

❶在"开始"选项卡中单击"查找和选择"下拉按钮，❷选择"定位条件"命令，打开"定位条件"对话框。

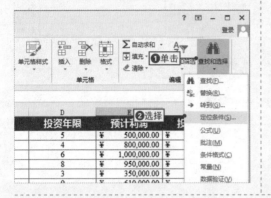

2 设置定位条件

❶选中相应的单选按钮，如这里选中"公式"单选按钮，❷单击"确定"按钮。

技巧 031 巧妙选择整行或整列数据

　　用户如要选择整行或整列数据，仍然可使用巧妙的方法来实现，而不需要手动拖动鼠标进行选择。其快速操作如下。

1 选择整行数据

选择行中第一个单元格或最后一个单元格，按【Ctrl+Shift + →】或【Ctrl+Shift + ←】组合键，选择整行数据单元格。

6	保险费	¥ 4,394.00	¥ 3,576.00	¥ 2,145.00	¥ 2,736.00	¥
7	通信费	¥ 3,592.00	¥ 2,671.00	¥ 2,303.00	¥ 3,068.00	¥
8	办公费	¥ 1,747.00	¥ 3,787.00	¥ 4,530.00	¥ 2,819.00	¥
9	旅差费	¥ 3,173.00	选择整行	1,049.00	¥ 3,348.00	¥

TIP 选择整行或整列数据时需注意

使用快捷键快速选择整行或整列数据时，在表格中若有合并单元格，则系统会将整个矩形数据区域选择。

2 选择整列数据

选择列中第一个单元格或最后一个单元格，按【Ctrl+Shift + ↑】或【Ctrl+Shift + ↓】组合键，选择整列数据单元格。

	A	B	C	D	E
2	项目	1月	2月	3月	4月
3	薪 金	¥ 2,852.00	¥ 3,302.00	¥ 1,970.00	¥ 3,300.00	¥
4	租 金		¥ 3,277.00	¥ 1,433.00	¥ 3,886.00	¥
5	水电费	选择整列	¥ 1,302.00	¥ 4,211.00	¥ 3,529.00	¥
6	保险费	¥ 4,394.00	¥ 3,576.00	¥ 2,145.00	¥ 2,736.00	¥
7	通信费	¥ 3,592.00	¥ 2,671.00	¥ 2,303.00	¥ 3,068.00	¥
8	办公费	¥ 1,747.00	¥ 3,787.00	¥ 4,530.00	¥ 2,819.00	¥
9	旅差费	¥ 3,173.00	¥ 1,827.00	¥ 1,049.00	¥ 3,348.00	¥
10	广告费	¥ 3,074.00	¥ 3,843.00	¥ 2,894.00	¥ 3,560.00	¥
11	杂 费	¥ 3,911.00	¥ 2,209.00	¥ 4,441.00	¥ 2,216.00	¥
12						

技巧 032 巧妙插入多行和多列

　　要在表格中同时插入多行或多列，与普通的插入行或列的方法基本相同，但它巧妙的是，在选择行或列上做了相应处理。其快速操作如下。

Chapter 01
Chapter 02
Chapter 03
Chapter 04
Chapter 05
Chapter 06
Chapter 07
Chapter 08

1 选择目标位置

❶选择要插入的列数的列，如要插入3列，就选择连续的3列，并在其上右击，❷选择"插入"命令。

2 查看插入多列效果

系统自动在工作表中插入相应的空白列，用户在其中添加相应的数据即可。

1月	2月		6月
¥ 2,852.00	¥ 3,302.00		¥ 4,13
¥ 3,561.00	¥ 查看 .00		¥ 1,57
¥ 2,419.00	¥ 1,302.00		¥ 2,68

TIP 快速插入多行

快速插入多行与多列的方法基本一样，只是开始选择的是连续的多行，再在其上右击，选择"插入"命令，实现插入多行的目的。

技巧 033 巧妙设置奇偶行行高

巧妙设置奇偶行行高，不是直接通过设置行高来实现，而是要借助格式刷来实现。其快速操作如下。

1 设置奇数行行高

❶选择奇数行，如这里选择第1行，并在其上右击，❷选择"行高"命令，打开"行高"对话框。

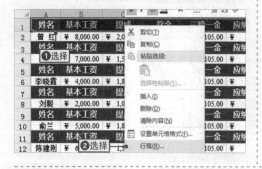

2 设置具体行高数据

❶在"行高"文本框中输入具体的行高数值，❷单击"确定"按钮，再以同样的方法设置相邻的偶数行行高。

3 复制并应用格式

❶选择已设置行高的奇偶行，❷单击"格式刷"按钮复制格式，此时鼠标光标变成
⬦形状，单击的同时，选择其他奇偶行应用格式即可。

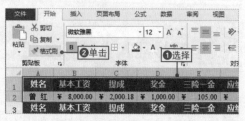

技巧 034 快速插入多个单元格

在表格中可以快速插入多行或多列，同样也可以在其中插入多个单元格，只是在范围上稍微缩小了。其快速操作如下。

1 启动"插入"对话框

❶选择要插入单元格的位置，并在其上右击，❷选择"插入"命令，打开"插入"对话框。

2 设置具体行高数据

❶选中"活动单元格右移"单选按钮，❷单击"确定"按钮，确认设置。

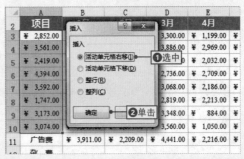

技巧 035 快速显示所有隐藏的单元格

在表格中有时需要将一些较为重要或敏感的数据隐藏起来，如盈利率、实际投入费用数据等，但要查看时，就需要将其显示出来。其快速操作如下。

1 取消隐藏列

按【Ctrl+A】组合键选择所有单元格，❶单击"开始"选项卡中的"格式"下拉按钮，❷选择"隐藏和取消隐藏/取消隐藏列"命令，显示隐藏的单元格。

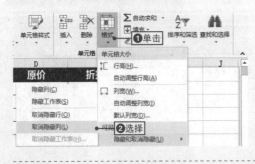

2 查看效果

系统自动将隐藏的单元格显示出来（用户若想显示隐藏行的单元格，可在"格式"下拉选项中选择"隐藏和取消隐藏/取消隐藏行"命令）。

E	F		G		H
折扣价	折前盈利		折后盈利		
2.76	¥	116.00	¥	110.20	
2.38	¥	87.00	¥	82.65	
0.86	¥	72.50	¥	68.88	
3.61	¥	69.60	¥	66.12	查看
5.13	¥	75.40	¥	71.63	
3.52	¥	162.40	¥	154.28	
0.95	¥	130.50	¥	123.98	
11.88	¥	226.20	¥	214.89	

CHAPTER 07

工作簿中数据的编辑技巧

本章导读

在本章中将会学习如何使表格中的数据编辑起来更加简单、快捷、方便和高效。同时介绍几种限制表格中数据的实用技巧。

	A	B	C
	货币	区域	货币符号
	欧元	欧洲	€

	F	G
	周五	完成比重
	48	1/4
	48	1/2
	50	2/3
	48	5/6
	50	5/7

完成	描述
√	创作
√	校对
√	排版
√	印刷

出差日期	结束日期
日期 请输入当前 月份日期！	

	D	E	F
		壹万肆仟捌佰柒拾陆	
		报 销 结 算 情	
		1,500.00	
		-100.00	

Sheet3 ⊕

高数	商务英语	共
95	64	22
96	73	23
70	59	19
87	66	21
90	48	20
43	63	16

本章技巧

技巧036 快速输入以0开头的数据
技巧037 输入特殊符号
技巧038 快速实现数字的大小写转换
技巧039 快速填充批量数据
技巧040 快速输入相同的数据
······

LESSON 7.1 输入数据技巧

数据是工作簿存在的根本，所以没有数据的工作簿，也就没有任何意义。同时数据的输入也是Excel最频繁的操作之一，所以掌握Excel中输入数据的技巧将会大大减少操作步骤，提高工作效率。

技巧036 快速输入以0开头的数据

在Excel中输入以0开头的数据，系统默认会将开头的0忽略删去，而保留0后的数据，但有时需要输入以0开头的数据，如座机区号、编号等，这时可通过一些小技巧来实现。其快速操作如下。

1 选择目标单元格区域

选择要设置的以0开头的数据区域，按【Ctrl+1】组合键，打开"设置单元格格式"对话框。

	A	B	C	D	E	
2	编号	姓名	身份证号码	性别	民族	出
3		艾佳	511129*******6112	男	汉	1977
4		陈小利	330253*******5472	男	汉	1984
5		高燕	412446*******4565	女	汉	1982
6		胡志军	10521*******6749	女	汉	1979
7		蒋成军	13861*******1246	男	汉	1981
8		李海峰	610101*******2308	男	汉	1981
9		李有煜	310484*******1121	女	汉	1983
10		欧阳明	101125*******3464	男	汉	1978

选择

2 选择数据定义类型

❶单击"数字"选项卡，❷选择"自定义"选项。

3 定义数据显示方式

❶在"类型"文本框中输入"0000"，❷单击"确定"按钮。

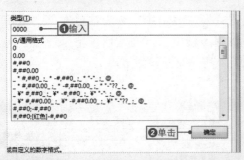

4 查看输入以0开头的数据效果

返回工作表中，在设置的目标单元格区域中输入以0开头的数据，查看效果。

	A	B	C	D	E	
2	编号	姓名	身份证号码	性别	民族	出
3	0001	艾佳	511129*******6112	男	汉	1977
4	0002	陈小利	330253*******5472	男	汉	1984
5	0003	高燕	412446*******4565	女	汉	1982
6	0004	胡志军	410521*******6749	女	汉	1979
7	0005	蒋成	3861*******1246	男	汉	1981
8	0006	李海峰	610101*******2308	男	汉	1981
9	0007	李有煜	310484*******1121	女	汉	1983
10	0008	欧阳明	101125*******3464	男	汉	1978
11	0009	冉再峰	415153*******2156	男	汉	1984
12	0010	舒姗姗	511785*******2212	男	汉	1983

查看

技巧 037　输入特殊符号

表格中有时会用到特殊符号，来让表格显得更加活泼、有趣，特别是能让其表达的意思更加直观，如用星号表示员工等级。其快速操作如下。

1 切换选项卡

❶选择要插入特殊符号的单元格，❷单击"插入"选项卡。

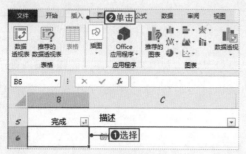

2 打开"符号"对话框

单击"符号"组中的"符号"按钮，打开"符号"对话框。

3 插入特殊符号

❶双击相应的特殊符号选项，将其插入，❷单击"关闭"按钮关闭对话框。

4 查看效果

返回工作表中即可查看插入特殊符号的效果。

技巧 038　快速实现数字的大小写转换

数字大小写转换，特别适用于各种收据、发票表单中，因为这些表单中通常会将数字用大写写一遍，然后遮掩以保证数据不被更改。通常情况下是通过手写输入，其实在Excel中可直接让系统自动生成，其快速操作如下。

1 选择目标数据单元格

选择要将小写数字转换为大写数字的目标单元格，按【Ctrl+1】组合键打开"设置单元格格式"对话框。

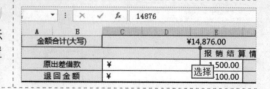

2 选择"特殊"选项

❶单击"数字"选项卡，❷选择"特殊"选项。

3 选择区域

❶单击"区域设置(国际/地区)"下拉按钮，❷选择"中文（中国）"选项。

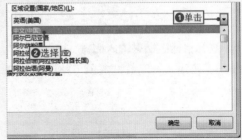

4 选择大写方式

在"类型"列表框中选择"中文大写数字"选项，按【Enter】键确认。

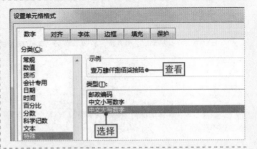

技巧 039　快速填充批量数据

　　批量填充数据，是指同时填充一组数据，自动生成相应的数据。它们可能是一组相同的数据，也可能是一组公式。其快速操作如下。

1 选择要填充批量数据

选择要批量填充的数据单元格，并将其鼠标光移到单元格区域的右下角，此时鼠标光标变成➕形状。

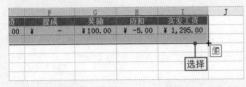

2 批量填充

按住鼠标左键不放，向下拖动鼠标，进行批量填充数据。

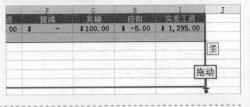

3 查看效果

系统根据相应的公式，自动生成对应的数据，最后释放鼠标即可。

技巧 040 快速输入相同的数据

在表格中输入相同的数据，除了通过复制/粘贴或填充的方法实现外，还可以直接通过输入的方法来快速完成。其快速操作如下。

1 选择目标区域并输入数据

❶选择要输入相同数据的单元格区域，❷输入数据。

	A	B	C	D	E
2	员工编号	员工姓名	部门	基本工资	提成
3	HSL006	李安雷	保安部	❷输入	¥ 1,500.0
4	HSL007	谢广富		¥ 1,200.00	¥ 1,300.0
5	HSL010	杨二武		❶选择	¥ 2,000.0
6	HSL013	李军		¥ 1,200.00	¥ 3,500.0
7	HSL008	刘翠	财务部	¥ 2,000.00	¥ 4,500.0

2 确认相同数据输入

按【Ctrl+Enter】组合键确认输入，系统自动进行批量输入相同数据。

	A	B	C	D	E
2	员工编号	员工姓名	部门	基本工资	提成
3	HSL006	李安雷	保安部	¥ 1,200.00	¥ 1,500.
4	HSL007	谢广富	保安部	¥ 查看 .00	¥ 1,300.
5	HSL010	杨二武	保安部	¥ 1,200.00	¥ 2,000.
6	HSL013	李军	保安部	¥ 1,200.00	¥ 3,500.
7	HSL008	刘翠	财务部	¥ 2,000.00	¥ 4,500.

技巧 041 快速输入欧元符号

一些特殊符号在表格系统中并没有，但又必须输入，如要输入欧元符号，则可通过输入的方式来解决。其快速操作如下。

1 选择目标单元格

在表格中选择要输入欧元符号的单元格。

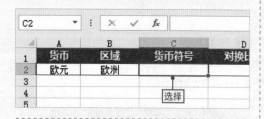

2 输入并选择欧元符号

切换到搜狗拼音输入法，❶输入"ouyuan"，❷在备选框中选择欧元符号选项即可。

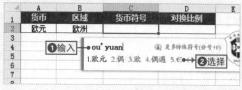

技巧 042 快速输入分数

一般情况下，用户若要在表格在中直接输入分子，再输入"/"，最后输入分母，希望它以分数的方式显示，但系统会自动将其转换成日期数据，这时用户可通过小小变通就能实现。其快速操作如下。

1 输入分数准备

在目标单元格中输入数字"0"，再按
【Space】键输入空格。

D	E	F	G	H
周三	周四	周五	完成比重	
52	50	48	0	
57	45	48		
48	50	50	输入	
40	35	48		
39	46	50		

2 输入分数

接着输入分子和"/"，再输入分母，按
【Enter】键确认即可。

E	F	G	H	I
周四	周五	完成比重		
50	48	0 1/4		
45	48			
50	50	输入		
35	48			
46	50			

技巧 043 巧用记录单添加数据

　　一般在表格中添加数据会有这样两种方式：一是对于数据较少表格，直接在其数据末行进行添加，二是对于数据庞大的表格，采用记录单方式进行添加，节省大量切换行和列的时间。下面就讲解如何巧用记录单在庞大数据表格中进行添加数据，其快速操作如下。

1 启动记录单功能

❶选择任意数据单元格，❷单击"记录单"快速访问按钮（用户需先手动添加"记录单"按钮到快速访问工具栏上），打开记录单对话框。

2 添加记录

❶单击"新建"按钮，❷再输入相应的数据，❸单击"关闭"按钮，关闭对话框。

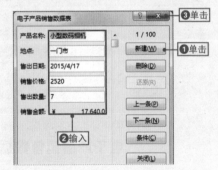

技巧 044 巧用自动更正功能输入数据

　　在Excel中，有这样一项功能就是用户只要输入指定数字、单词或词语，系统就会立即输入相对应的数据。用户要实现这样的功能，可巧用系统中的自动更正功能，其快速操作如下。

Chapter 01
Chapter 02
Chapter 03
Chapter 04
Chapter 05
Chapter 06
Chapter 07
Chapter 08

1 启动更正功能

打开"Excel 选项"对话框，❶单击"校对"选项卡，❷单击"自动更正功能"按钮，打开"自动更正"对话框。

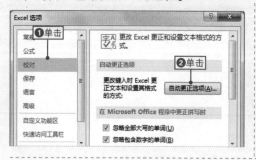

2 设置自动更正参数

❶在"替换"文本框中输入要更正的数据，❷在"为"文本框中输入更正后的数据，依次单击"确定"按钮。

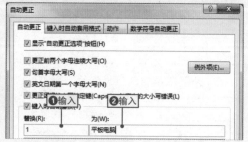

技巧 045 表格数据并非要手动输入

　　表格中的数据，不一定都要靠手动输入，因为一些数据我们可以直接从其他软件中进行调用，节省手动重新输入的时间和精力。其快速操作如下。

1 准备导入文本数据

❶单击"数据"选项卡，❷单击"自文本"按钮。

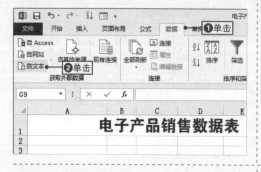

2 设置自动更正参数

在打开的"导入文本文件"对话框中，❶选择外部数据保存的位置，❷双击要导入的外部文本文件选项。

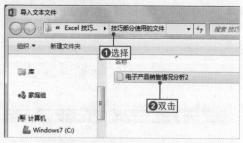

3 设置文本分割方式

打开"文本导入向导-第1步，共3步"对话框，❶选中"分割符号"单选按钮，❷单击"下一步"按钮，打开"文本导入向导-第2步，共3步"对话框。

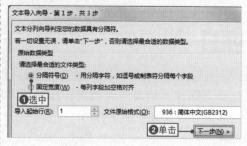

Chapter 01
Chapter 02
Chapter 03
Chapter 04
Chapter 05
Chapter 06
Chapter 07
Chapter 08

4 设置分割符号

❶在"分割符号"栏中选中相应的分割符号复选框，❷单击"完成"按钮，打开"导入数据"对话框。

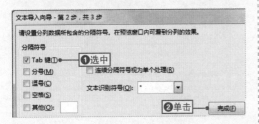

5 设置数据放置位置

设置数据放置位置，如设置在当前工作表的A2单元格中，按【Enter】键导入。

LESSON 7.2 限制数据技巧

在一些特殊表格中，不是所有的数据都适合输入，有时需要设置只允许特殊的几个数据输入，如性别、日期等。这就是数据限制——它能让表格选择性地接受数据，下面就介绍这方面的操作技巧。

技巧 046 巧用数据验证功能拦截非法数据

在一些表格中，只允许输入某一范围的数据，如出差报销表中只允许输入当月日期等，这时用户就可以灵活使用数据验证功能来实现，其快速操作如下。

1 选择数据限制区域

❶选择要进行数据限制的目标单元格区域，❷单击"数据"选项卡。

2 启动数据验证功能

❶单击"数据验证"下拉按钮，❷选择"数据验证"命令。

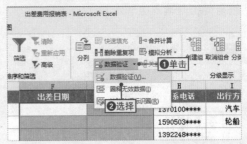

3 设置数据限制条件 ////////////

打开"数据验证"对话框，❶设置允许选项，❷设置数据限制的方式。

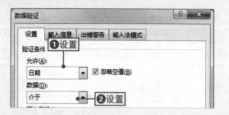

4 设置允许条件 ////////////

❶设置数据的有效范围，❷单击"确定"按钮确认。

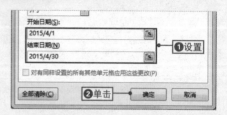

技巧 047 限制重复数据输入

在一些表格中数据必须具有唯一性，不允许输入重复值，如工资表、员工信息表等，此时用户可以通过限制重复数据的输入来解决。其快速操作如下。

1 设置系统允许数据类型 ////////////

打开"数据验证"对话框，❶单击"允许"下拉按钮，❷选择"自定义"选项。

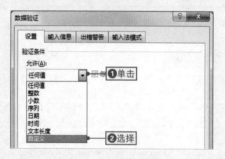

2 设置限制重复公式 ////////////

❶在激活的"公式"文本框中输入限制重复数据的公式，❷单击"确定"按钮。

3 查看限制重复值效果 ////////////

在设置限制重复值区域中输入重复值，系统自动打开输入值非法对话框。

🄣 限制重复值公式的使用

限制重复值的函数是"=COUNTIF()=1"，其中"\$A\$20:\$A\$32"表示限制重复值的单元格区域。

"\$A\$20"表示让系统从此单元格开始对新输入的数据进行一行一行地比较，查看是否有重复值，也就是说它是一个校对检测的起始位置。

限制数据的输入选项

我们除了通过限制表格中的合法数据外，还可以直接为用户提供选项，让用户直接进行选择，同时选项以外的数据都是限制的对象。其快速操作如下。

1 打开"数据验证"对话框

❶选择目标单元格区域，❷单击"数据验证"按钮，打开"数据验证"对话框。

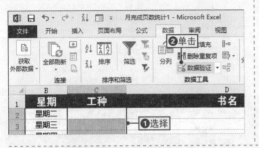

2 设置限制输入的选项

❶设置"允许"为"序列"选项，❷设置序列的来源，按【Enter】键确认即可。

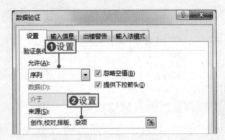

巧定单元格的数据长度

控制单元格的数据长度，就是限制单元格中输入的数据的个数，如在电子简历表中使用多少字来介绍自己等，这就是对单元格数据长度进行限制的结果。用户要限制单元格的数据长度，仍可通过数据验证功能来实现，其快速操作如下。

1 设置验证条件

选择目标单元格，打开"数据验证"对话框，❶设置"允许"选项为"文本长度"选项，❷设置"数据"为"介于"选项。

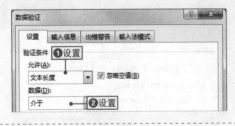

2 限定文本输入长度

❶设置文本输入的最小长度和最大长度，❷单击"确定"按钮完成设置，即可实现单元格数据长度的限定。

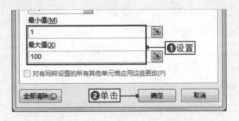

自主设置错误提示

当我们在表格中设置相应的数据验证后，其他用户并不一定知道，这时我们可通过设置提示信息来提示用户。其快速操作如下。

1 选择目标单元格

❶在工作表中选择已设置数验证的单元格区域，❷单击"数据验证"按钮，打开"数据验证"对话框。

2 设置文档密码

❶切换到"输入信息"选项卡，❷设置输入信息标题和内容，最后按【Enter】键确认，完成设置。

3 查看设置输入信息效果

返回工作表中即可查看所设置的输入信息的效果。

技巧 051 输入非法数据后，自动退出软件

用户在表格中设置数据验证，并设置明确的提示信息后，若其他用户在输入数据时仍然输入非法数据，这时就可以让系统自动退出软件。其快速操作如下。

1 选择目标单元格

❶在工作表中选择已设置数据验证的单元格区域，❷单击"数据验证"按钮，打开"数据验证"对话框。

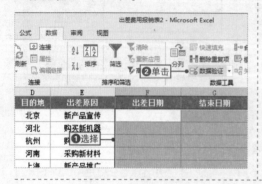

2 设置警告方式

❶切换到"出错警告"选项卡中，❷设置"样式"选项为"停止"，❸分别输入警告的标题和内容，按【Enter】键确认。

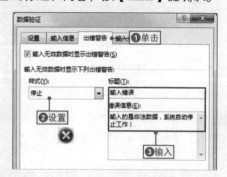

LESSON 7.3 编辑数据技巧

在上面的章节中，我们学习了如何快速、巧妙地在表格中输入和限制数据，下面就来介绍一些非常实用和巧妙的编辑数据的技巧，以使用户快速地对表格中的数据进行编辑。

技巧 052 快速选择当前数据区域

当前数据区域，分为两种情况：一是整个数据区域，二是当下区域，此时表格中有两个或两个以上的数据区域块。用户要选择当前数据区域可通过快捷键的方法来实现，快速操作如下。

1 选择当前区域

❶选择数据区域的中任意的单元格，按【Ctrl+Shift+8】组合键或【Ctrl+A】组合键，系统自动将当前区域选择。

	A	B	C	D	E
3	员工编号	姓名	部门	目的地	出差原因
4	BH00011	范直选择	销售部	北京	新产品宣传
5	BH00012	孔 宝	销售部	河北	购买新机器
6	BH00013	周佳慧	销售部	杭州	购买新机器
7	BH00014	刘 景	销售部	河南	采购新材料
8	BH00015	杨 峰	销售部	上海	新产品推广
9	BH00016	王利红	销售部	北京	检查原材料生产地
10	BH00017	邓金平	销售部	成都	检查原材料生产地

2 查看当前数据区域效果

在表格中用户即可看到当前数据区域被选择，而其他数据区域则处于未被选择状态。

	A	B	C	D	E
9	BH00016	王利红	销售部	北京	检查原材料生产地
10	BH00017	邓金平	销售部	成都	检查原材料生产地
11	BH00018	郑 娟	销售部	江苏	检查原材料生产地
12	BH00019	毛兴波	销售部	广东	设备维修
13	BH00020	汪明洋	销售部	北京	新产品开发研讨会
14					
15					
16	备注:			查看	
17		1.返回公司第二天向上一级部门提交车票、饮食和住宿发票。			
18		2.第五天上交出差总结。			
19					

技巧 053 快速转换数据类型

在Excel中，数据默认的类型有7种，但这些类型可以快速相互转换，从而让数据更具有实际的意义。其快速操作如下。

1 选择要转换的数据

❶选择要转换类型的数据所在单元格区域，❷单击"数字"组中的下拉按钮。

在弹出的数据类型选项中选择相应的选项，快速实现数据类型的转换。

TIP 选择数据类型

转换数据类型不仅可以在输入数据后进行设置，也可以在未输入数据前，在相应的区域进行数据类型的选择。

技巧 054 灵活定义数据类型

灵活定义数据类型，不是乱定义，而是通过自定义的方式为数据添加一些特殊的效果，如添加单位、数据特殊的显示方式等，它是非常好用的方法。如在表格数据中为数据添加单位"部"，其快速操作如下。

1 打开"设置单元格格式"对话框

选择要自定义数据类型的单元格区域，按【Ctrl+1】组合键，打开"设置单元格格式"对话框。

	C	D	E	F
2	售出日期	销售价格	售出数量	销售金额
3	2015/4/17	¥ 2,520.00	7	17,640.0
4	2015/4/20	¥ 15,020.00	8	120,160.0
5	2015/6/19	¥ 15,020.00	6	90,120.0
6	2015/4/9	¥ 选择 0.00	6	96,120.0
7	2015/6/7	¥ 16,520.00	7	115,640.0
8	2015/4/24	¥ 40,020.00	9	360,180.0
9	2015/6/18	¥ 50,020.00	7	350,140.0
10	2015/5/13	¥ 20,020.00	3	60,060.0
11	2015/6/14	¥ 68,020.00	8	544,160.0

2 自定义设置数据类型

❶选择"自定义"选项，❷在右侧的"类型"文本框中的文本后，输入单位，按【Enter】键确认。

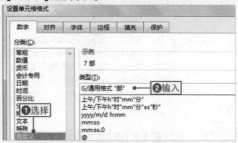

3 查看自定义设置数据类型效果

返回工作表中，用户即可看到灵活定义设置数据类型的效果。

TIP 灵活定义数据类型

用户除了手动对数据设置样式外，还可以直接在"自定义"界面中的"类型"区域中直接选择相应的选项。

	C	D	E	F
2	售出日期	销售价格	售出数量	销售金额
3	2015/4/17	¥ 2,520.00	7 部	¥ 17,640.
4	2015/4/20	¥ 15,020.00	8 部	¥ 120,160.
5	2015/6/19	¥ 15,020.00	6 部	¥ 90,120.
6	2015/4/9	¥ 16,020.00	6 部	¥ 96,120.
7	2015/6/7	¥ 16,520.00	7 部	¥ 115,640.
8	2015/4/24	¥ 40,020.00	9 部	¥ 360,180.
9	2015/6/18	¥ 50,020.00	7 部	¥ 350,140.
10	2015/5/13	¥ 20,020.00	3 部	¥ 60,060.
11	2015/6/14	¥ 68,020.00	8 部	¥ 544,160.
12	2015/4/25	¥ 20,020.00	8 部	¥ 60,080.
13	2015/4/29	¥ 30,020.00	7 部	¥ 210,140.
14	2015/4/17	¥ 2,520.00	5 部	¥ 12,600.

技巧 055 快速查找和修改数据

在商务表格中，要对一些一样的数据进行替换，若是用手动的方式逐个单元格进行查找和替换，那将是非常大的工作量。此时用户可通过快速查找和替换的方法来解决，其快速操作如下。

1 打开"查找和替换"对话框

❶单击"开始"选项卡中的"查找和替换"下拉按钮，❷选择"替换"命令，打开"查找和替换"对话框。

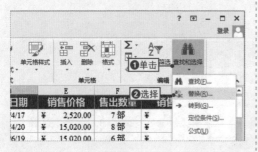

2 设置查找和替换参数

❶分别在"查找内容"和"替换为"文本框中输入相应的数据，❷单击"替换"按钮进行单个依次替换。

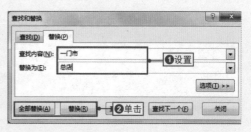

技巧 056 快速查找相似数据

除了直接在表格中按照具体条件对数据进行查找和替换外，用户还可以设置模糊条件进行相似数据的查找。其快速操作如下。

1 打开"查找和替换"对话框

❶单击"开始"选项卡中的"查找和替换"下拉按钮，❷选择"查找"命令，打开"查找和替换"对话框。

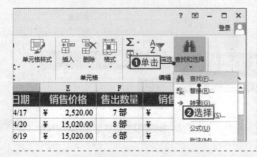

2 设置查找模糊条件

❶分别在"查找内容"文本框中输入"*（任意通配符）电脑"，❷单击"查找"按钮进行单个依次模糊查找。

CHAPTER 08

设置表格样式及格式化的技巧

本章导读

在本章中将会学习两大块的技巧知识：一是编辑和美化表格的技巧；二是使用对象来充实、丰富表格。

学习掌握本章技巧知识后就能顺利轻松地制作出专业、美观的商务表格。

本章技巧

技巧057 为数据设置默认的显示样式
技巧058 单元格中零值无单位
技巧059 巧用 "-" 代替单元格中0值
技巧060 快速设置单元格字体样式
技巧061 巧妙设置标题行图片底纹
......

日期	产品	售出金额
2015/6/1	冰箱	¥2,088.00
2015/6/3	冰箱	¥2,088.00
2015/6/6	冰箱	¥1,988.00
2015/6/9	冰箱	¥2,688.00
2015/6/12	冰箱	¥2,688.00
2015/6/17	冰箱	¥2,500.00
2015/6/20	冰箱	¥2,130.00

现金流
总收入
总支出
总现金流

项目	日期	1月	
薪 金		¥ 3,561.00	¥
租 金		¥ 2,419.00	¥
水电费		¥ 4,394.00	¥
保险费		¥ 3,592.00	¥

金额	日
项目	
薪 金	
租 金	
水电费	
保险费	

员工工资管理

	基本工资	考勤小计	社保补
¥	600.00	-10.00	30
	1		
¥	2,500.00	-140.00	30
	1		
¥	600.00	-150.00	10

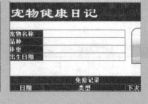

宠物健康日记

宠物名称
品种
体重
出生日期

免疫记录
日期　　　类型　　　下次

LESSON 8.1 格式化单元格的数据

格式化数据其实就是为数据设置一些样式，让其更加美观，同时让查看者能对数据的用意和性质一目了然。下面就对格式化单元格数据的常用技巧进行介绍。

技巧 057 为数据设置默认的显示样式

在Excel中数据都有默认的显示样式，用户可根据实际需要或自身使用习惯来自定义默认的显示样式，如数字的小数位数默认就是2位、3位数字分为一组等，其快速操作如下。

1 打开控制面板

单击"开始"按钮，选择"控制面板"选项，打开"控制面板"窗口。

2 启动"区域和语言"对话框

单击"区域和语言"超链接，打开"区域和语言"对话框。

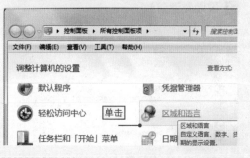

3 单击"其他设置"按钮

在打开的对话框中，直接单击"其他设置"按钮，打开"自定义格式"对话框。

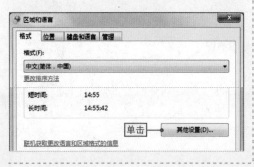

4 自定义格式

依次切换到相应的选项卡中，再进行相应的设置，最后依次单击"确定"按钮。

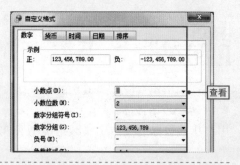

技巧 058 单元格中零值无单位

在单元格中为数据自定义数据单位后，系统会为所有的数据加上单位，当然也包括0值，这样就会显得不合理，所以用户需要手动进行设置为0值去掉单位。其快速操作如下。

1 选择目标数据源

在表格中选择目标数据单元格区域，按【Ctrl+1】组合键打开"设置单元格格式"对话框。

马列思想	高数	商务英语	共计
62分	0分	64分	126
66分	96分	0分	162
0分	70分	59分	129
60分	0分	66分	126
63分	90分	48分	选择
63分	43分	63分	169
57分	51分	79分	187
57分	45分	95分	197
56分	68分	53分	177
54	48	55	157

2 切换到自定义选项中

❶单击"数字"选项卡，❷选择"自定义"选项。

3 设置类型参数

❶在"类型"文本框中接着输入"-G/通用格式;"0""，❷单击"确定"按钮，确认设置。

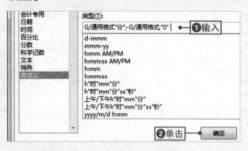

4 查看效果

返回工作表中即可查看目标单元格区域中包含0值的数据都没有单位，而其他数据的单位仍然存在的效果

马列思想	高数	商务英语	共计
62分	0	64分	126
66分	96分	0	162
0	70分	59分	查看 129
60分	0	66分	126
63分	90分	48分	201
63分	43分	63分	169
57分	51分	79分	187
57分	45分	95分	197
56分	68分	53分	177

技巧 059 巧用 "–" 代替单元格中的0值

在表格中有时需要让0值显示为其他指定的符号，如在任务倒计时表格中就需要将剩余0天的数据显示为"-"，来表示任务期限已到，已经没有剩余时间。此时用户仍然可以通过自定义数据类型来实现，其快速操作如下。

1 选择目标数据源

❶在表格中选择目标数据单元格区域，❷单击"数字"组中的"对话框启动器"按钮，打开"设置单元格格式"对话框。

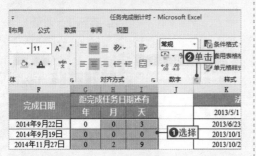

2 自定义数字类型

❶选择"自定义"选项，❷在"类型"文本框中输入"G/通用格式;-G/通用格式;-"，按【Enter】键确认。

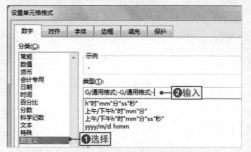

3 查看效果

返回工作中即可查看单元格中的0值都已被"-"符号代替。

E	F	G	H	I	J
战时间（天）	完成日期	距完成任务日期还有			
		年	月	天	
36	2014年9月22日	-	-	3	
35	2014年 查看	-	-	-	
84	2014年11月27日	-	2	9	
78	2014年11月20日	-	2	2	

LESSON 8.2 手动设置表格样式的技巧

在Excel中设置表格样式的方法有两种：一是手动进行设置，二是直接套用表格中的内置样式自动设置。下面就对手动设置表格样式的技巧进行讲解，以帮助用户更快地设置出美观的表格样式。

技巧 060 快速设置单元格字体样式

表格中数据字体样式默认是宋体，若用户直接使用这些字体样式就不能体现表格的美观，也就算不上专业。这时用户可通过快速设置单元格字体样式的方法来美化表格，其快速操作如下。

1 设置数据字体

❶选择目标数据区域，❷单击"字体"下拉按钮，❸选择相应的字体选项。

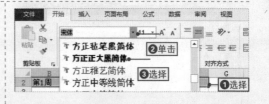

② 设置数据字号

❶单击"字号"下拉按钮，❷选择相应的字号选项。

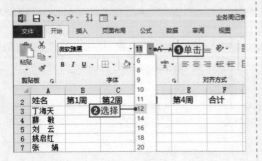

③ 设置填充颜色

❶单击"填充颜色"下拉按钮，❷选择相应的颜色选项。

④ 设置字体颜色

❶单击"字体颜色"下拉按钮，❷选择相应的颜色选项。

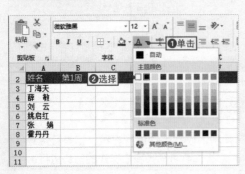

⑤ 设置字体加粗

单击"字体"组中的"加粗"按钮或按【Ctrl+B】组合键将数据字体加粗。

⑥ 添加下画线

❶单击"下画线"下拉按钮，❷选择相应的下画线选项。

🅣🅘🅟 通过对话框设置字体样式

选择要进行字体设置的单元格区域，按【Ctrl+1】组合键，打开"设置单元格格式"对话框，切换到"字体"选项卡，再进行相应的设置，最后单击"确定"按钮或按【Enter】键确认即可。

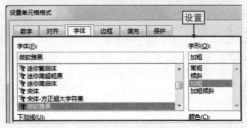

巧妙设置标题行图片底纹

通常情况下，用户都是为标题行填充较为简单的颜色，但有时也需要为标题行填充图片，来让其更加有个性，但使用常规方法又不能实现，这时用户可通过简单的技巧实现。其快速操作如下。

1 打开"插入图片"对话框

❶单击"页面布局"选项卡，❷单击"背景"按钮，打开"插入图片"对话框。

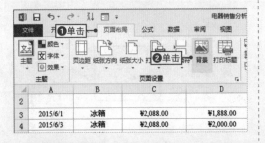

2 选择本地文件

单击"浏览"超链接，打开"工作表背景"对话框。

3 添加背景图片

❶选择图片存放位置，❷双击要插入的图片选项。

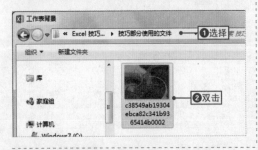

4 选择全部单元格

❶单击表格左上角的　按钮，选择全部表格，❷单击"开始"选项卡。

5 填充表格底纹

❶单击"字体颜色"下拉按钮，❷选择"白色，背景1"选项。

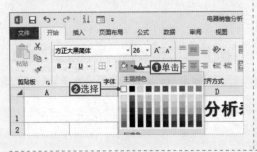

6 设置无底纹填充

选择标题行，❶单击"字体颜色"下拉按钮，❷选择"无填充色"选项。

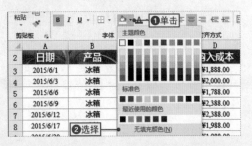

技巧 062 巧设渐变底纹

除了为单元格添加图片作为底纹外，还可以设置渐变填充颜色，从而制作出个性表格。其快速操作如下。

1 启动"填充效果"对话框

选择目标单元格，打开"设置单元格格式"对话框，❶单击"填充"选项卡，❷单击"填充效果"按钮。

2 设置渐变色

打开"填充效果"对话框，设置"颜色1"和"颜色2"的颜色，作为渐变色。

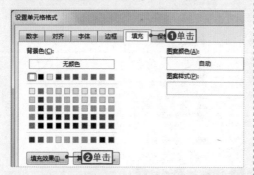

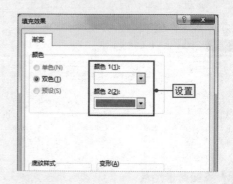

3 选择渐变色方向

❶在"底纹样式"列表框中选中相应填充方向的单选按钮，❷依次单击"确定"按钮，完成设置。

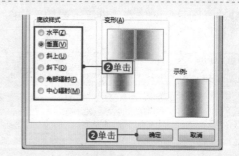

技巧 063 巧绘简单斜线表头

在二维表格中，通常都使用平面表头，但很多时候也要使用斜线表头，来分别指明标题行和首列的性质。其快速操作如下。

1 输入斜线表头数据

在标题行的首个单元格中输入表头相关数据，如这里输入"项目   日期"，按【Ctrl+Enter】组合键确认。

	项目　日期	1月	2月	3月	4
3	薪 金	¥ 3,561.00	¥ 3,277.00	¥ 1,433.00	¥ 3,
4	租 金	¥ 2,419.00	¥ 1,302.00	¥ 4,211.00	¥ 3,
5	水电费	¥ 4,394.00	¥ 3,576.00	¥ 2,145.00	¥ 2,
6	保险费	¥ 3,592.00	¥ 2,671.00	¥ 2,303.00	¥ 3,
7	通讯费	¥ 1,747.00	¥ 3,787.00	¥ 4,530.00	¥ 2,
8	办公费	¥ 3,173.00	¥ 1,827.00	¥ 1,049.00	¥ 3,

2 打开"设置单元格格式"对话框

保持单元格的选择状态，单击"对齐方式"组中的"对话框启动器"按钮，打开"设置单元格格式"对话框。

3 选择线条样式

❶切换到"边框"选项卡中，❷在"样式"列表框中选择相应的线条样式。

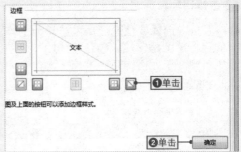

4 选择斜线颜色

❶单击"颜色"下拉按钮，❷选择相应的颜色作为斜线颜色。

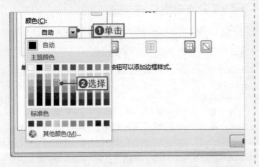

5 选择边框样式

❶单击◻按钮，添加斜线，❷单击"确定"按钮。

6 调整行高

将鼠标光标移到标题行和数据主体的第一行的行标交界处，此时鼠标光标变成╬形状，按住鼠标左键不放进行拖动，到适合高度后释放鼠标即可。

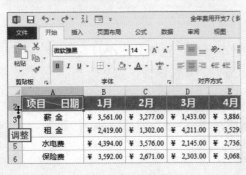

7 调整列宽

使用同样的方法，将斜线表头的列宽调整到合适宽度，完成设置，用户即可查看制作的斜线表头效果。

项目　日期	1月	2月	3月
薪　金	¥ 3,561.00	¥ 3,277.00	¥ 1,433.00
查看	¥ 2,419.00	¥ 1,302.00	¥ 4,211.00
水电费	¥ 4,394.00	¥ 3,576.00	¥ 2,145.00
保险费	¥ 3,592.00	¥ 2,671.00	¥ 2,303.00
通讯费	¥ 1,747.00	¥ 3,787.00	¥ 4,530.00
办公费	¥ 3,173.00	¥ 1,827.00	¥ 1,049.00
旅差费	¥ 3,074.00	¥ 3,843.00	¥ 2,894.00
广告费	¥ 3,911.00	¥ 2,209.00	¥ 4,441.00

LESSON 8.3 使用样式格式化表格的技巧

在讲述了手动设置表格样式内容后，下面我们介绍使用系统中自带的表格样式，来自动美化表格的技巧，帮助用户快速实现表格样式的美化，以节省工作时间，提高工作效率。

技巧064 快速设置单元格样式

单元格样式包括很多方面，如字体、字号、底纹颜色等，如要通过手动设置将会有很多操作，若直接调用系统中已有的单元格样式，就比较方便快捷。其快速操作如下。

1 选择目标数据源

❶在表格中选择要快速应用系统单元格样式的目标单元格区域，❷在"开始"选项卡中单击"单元格样式"下拉按钮。

2 应用单元格样式选项

在弹出的单元格样式选项中，选择相应的样式选项，快速应用样式。

技巧065 修改现有样式

系统中自带的单元格样式，并不是固定不变的，它只是一个样式例子，用户可对其进行相应修改，从而更好地满足实际需要。其快速操作如下。

1 选择"修改"命令

在要修改单元格样式的选项上右击，选择"修改"命令。

② 打开"设置单元格格式"对话框

在打开的"样式"对话框中，直接单击"样式"按钮，打开"设置单元格格式"对话框。

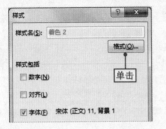

③ 手动设置样式

用户可在相应的选项卡中设置相应的样式，最后依次单击"确定"按钮确认即可。

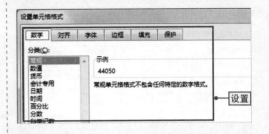

技巧 066 批量修改单元格格式

若用户需要对表格中一些特定的格式进行全部修改，可采用批量修改的方法一次性完成，而不用手动查找和修改。其快速操作如下。

① 启动查找和替换功能

❶单击"查找和选择"下拉按钮，❷选择"替换"命令。

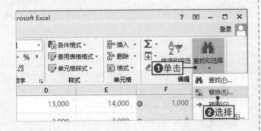

② 展开格式设置选项

在打开的"查找和替换"对话框中直接单击"选项"按钮展开格式设置选项。

③ 单击"格式"按钮

单击"查找内容"后的"格式"按钮，打开"查找格式"对话框。

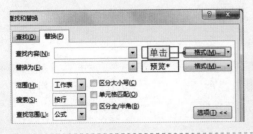

④ 设置要查找的格式

在打开的"查找格式"对话框中进行相应的设置，按【Enter】键返回"查找和替换"对话框。

5 打开要修改的样式

❶单击"替换为"后的"格式"按钮，❷在打开的"替换格式"对话框中进行相应的设置。

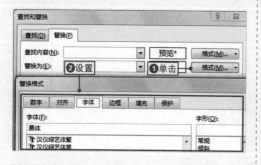

6 手动设置样式

按【Enter】键返回"查找和替换"对话框，❶单击"全部替换"按钮批量修改，❷单击"关闭"按钮关闭对话框。

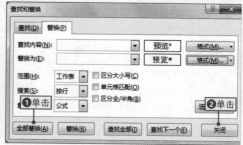

技巧 067　新建单元格样式

除了直接应用、修改单元格样式外，还可以直接创建新的样式，增加单元格样式的选项，方便快速调用。其快速操作如下。

1 新建单元格样式

❶在"开始"选项卡中单击"单元格样式"下拉按钮，❷选择"新建单元格样式"命令，打开"样式"对话框。

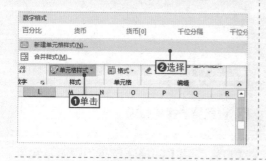

2 设置新建样式

❶单击"格式"按钮，❷在打开的"设置单元格格式"对话框中进行相应的设置，最后依次单击"确定"按钮确认即可。

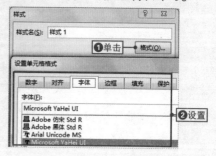

技巧 068　共享新建单元格样式

在Excel中新建的单元格样式，只能用于当前工作簿中，若用户希望它也能用于其他工作簿中，可将其共享，其实也就是将其样式进行合并。其操作如下。

Chapter 01

Chapter 02

Chapter 03

Chapter 04

Chapter 05

Chapter 06

Chapter 07

Chapter 08

1 打开"合并样式"对话框

❶在"开始"选项卡中单击"单元格样式"下拉按钮，❷选择"合并样式"命令，打开"合并样式"对话框。

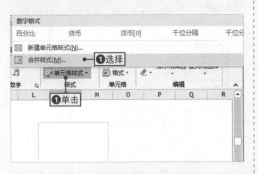

2 共享单元格样式

❶选择要共享的工作簿选项，❷单击"确定"按钮确认合并，将其共享。

技巧 069 使用内置样式美化工作表

用户不仅可以直接使用Excel中自带的单元格样式美化表格，还能直接调用系统中自带的表格样式来快速美化整个表格。其快速操作如下。

1 套用表格样式

❶选择要应用表格样式的单元格区域，❷单击"套用表格格式"下拉按钮，❸选择相应的表格样式选项。

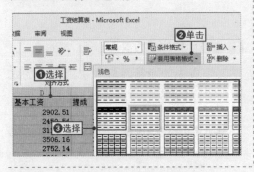

2 设置套用样式方式

打开"套用表格式"对话框，❶选中"表包含标题"复选框，❷单击"确定"按钮套用表格样式。

技巧 070 内置样式的自我设置

表格样式与单元格样式一样，都可以手动进行新建，而作为一种新样式存在，增加样式的选择项和自主性。其快速操作如下。

1 新建表格样式

❶在"开始"选项卡中单击"套用表格格式"下拉按钮，❷选择"新建表格样式"命令，打开"新建表样式"对话框。

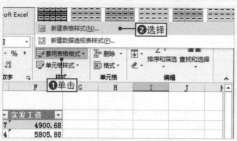

2 选择要设置的表元素

❶选择要设置的表元素选项，❷单击"格式"按钮。

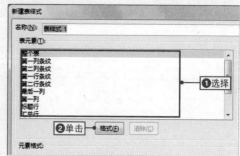

3 设置表元素格式

打开"设置单元格格式"对话框，进行相应的格式设置，最后依次单击"确定"按钮确认即可。

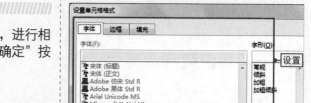

技巧 071 巧用主题样式设置表格样式

除了使用内置的表格样式快速设置表格整体格式外，用户还可以通过设置表格的主题样式来实现。其快速操作如下。

1 套用主题样式

❶单击"页面布局"选项卡，❷单击"主题"下拉按钮，❸选择相应的主题选项，快速调整表格样式。

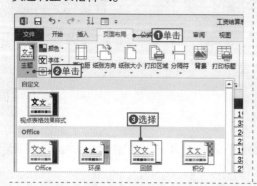

2 应用主题样式效果

在工作表中即可查看应用主题样式的效果，如这里应用的是"平面"主题效果。

	A	B	C	D
2	姓名	性别	工龄	基本工资
3	刘羽	男	1.3	2902.51
4	朱红娟	女	2.5	2450.54
5	张志伟	男	3.3	3129.12
6	王宏	男	0.8	3506.16
7	陈琴	女	7.7	2752.14
8	谢小凤	女	6.3	2601.34
9	周亮	男	5.6	2601.32
10	洪建华	男	11.1	3619.28
11	刘丽	女	9.1	3581.11
12	钟淑婷	女	2.5	3355.33
13	吴婷婷	女	3.1	2412.83
14	蔡超	女	3.5	3242.22

LESSON 8.4　表格对象的使用技巧

在表格中除了数据外，用户还可以使用其他的一些对象来充实和丰富表格内容，让表格更加生动有趣。下面就具体介绍一些在表格中使用对象的常用技巧。

技巧 072　巧将指定单元格转换为图片

将指定单元格转换为图片，其实就是将单元格进行复制，然后通过粘贴的方式将其转换为图片，以实现保护数据的目的。其快速操作如下。

1 复制数据

选择要转换为图片的数据单元格区域，按【Ctrl+C】组合键复制数据。

2 转换为图片

选择放置图片的位置，❶单击"粘贴"下拉按钮，❷选择"图片"选项。

技巧 073　为单元格链接进行拍照

为单元格链接进行拍照其实就是为单元格快速创建一个被引用区域，只要源数据有任何改动，在链接数据中就会同步更新，从而实现数据的快速引用和备份。其快速操作如下。

1 复制数据

选择要进行链接创建的数据区域，按【Ctrl+C】组合键复制数据。

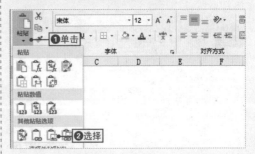

2 创建链接

选择放置数据链接的目标位置，并在其上右击，选择"选择性粘贴/链接"命令，创建数据链接。

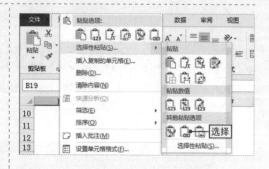

技巧 074 快速添加图片

我们除了将表格数据转换为各种图片外，还可以将外部的图片插入到表格中，如插入公司Logo标志图片等，来丰富和充实表格。其快速操作如下。

1 打开"插入图片"对话框

❶单击"插入"选项卡，❷单击"图片"按钮。

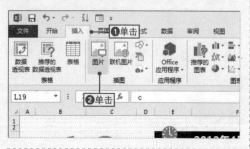

2 选择图片选项

打开"插入图片"对话框，选择要插入的图片选项，按【Enter】键确认。

技巧 075 巧将图片融入形状

要将图片融入形状，不是将图片粘贴到形状中，而是让图片填充到形状中，并自动适应形状的样式和大小，不过用户需要手动调整形状的轮廓色和粗细来适应表格的整体风格。其快速操作如下。

1 插入形状

❶单击"插入"选项卡，❷单击"形状"下拉按钮，❸选择相应的形状选项。

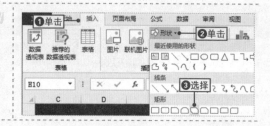

② 绘制形状

❶在表格中绘制形状，并在其上右击，❷
选择"设置形状格式"命令，打开"设置
形状格式"窗格。

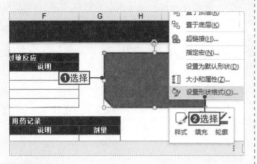

③ 设置形状填充方式

❶选中"图片或纹理填充"单选按钮，❷
单击"文件"按钮。

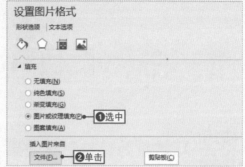

④ 插入图片

❶选择图片存放的路径，❷双击要插入的
图片选项，插入图片。

⑤ 设置形状边框颜色

❶切换到"图片工具 格式"选项卡中，❷
单击"图片边框"下拉按钮，❸选择相应
的颜色选项。

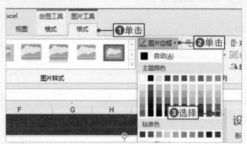

技巧 076　精确调整图片大小

　　用户调整图片大小的方法分为两种：一是选择图片将鼠标光标移到图片的控
制柄上，拖动鼠标进行等比例缩放图片；二是输入相应的大小数字，精确调整图
片大小。其快速操作如下。

① 切换选项卡

在表格中选择要精确调整大小的图片，激
活"图片工具 格式"选项卡。

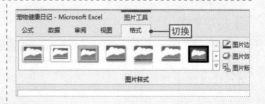

2 设置大小

在大小组中的"宽"和"高"数字框中输入相应的数字，单击表格中其他任意位置确认。

技巧 077 巧妙裁剪特殊形状效果

系统默认的裁剪图片方式，都是使用裁剪功能对图片进行规则裁剪，而对于不规则的裁剪，则无能为力，此时用户可使用形状对象来巧妙实现。其快速操作如下。

1 选择裁剪方式

选择目标图片，❶单击"裁剪"下拉按钮，❷选择"裁剪为形状"选项。

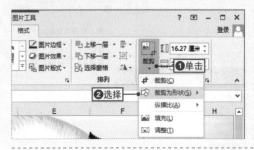

2 选择形状选项

在弹出的形状选项中，选择相应的形状选项，系统自动进行裁剪。

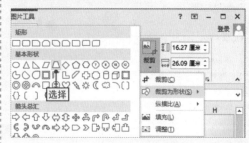

技巧 078 快速设置图片样式

图片与表格、单元格一样，都可以通过直接应用系统中自带的样式，进行快速美化。其快速操作如下。

1 应用样式

选择要应用图片样式的图片对象，在"图片样式"列表框中选择相应的图片样式选项，快速应用其样式。

② 查看快速设置图片样式效果

在表格中即可查看快速应用图片样式的效果。

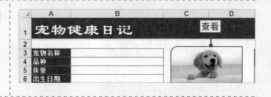

在表格中，使用艺术字能大大增加表格个性和立体感，创作出不一样的感觉。其快速操作如下。

① 插入艺术字

❶单击"插入"选项卡中的"艺术字"下拉按钮，❷选择相应的艺术字选项，插入艺术字。

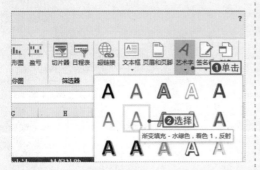

② 设置艺术字格式

❶在插入的艺术字文本框中输入相应的内容并将其移到合适位置，❷在"开始"选项卡中设置其字体、字号。

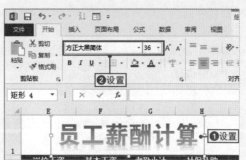

③ 设置艺术字颜色

❶单击"绘图工具/格式"选项卡，❷单击"文本填充"下拉按钮，❸选择相应的颜色选项。

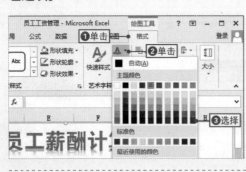

④ 查看使用艺术字效果

在工作表中即可查看使用艺术字作为表格标题的立体效果。

C	D	E	F	G
员工薪酬计算				
职务	岗位工资	基本工资	考勤小计	社保
总经理	¥ 800.00	¥ 600.00	¥ -10.00	¥
总经理 计数		1		
副经理	¥ 600.00	¥ 2,500.00	¥ -140.00	¥
副经理 计数		1		
普工	¥ -	¥ 600.00	¥ -150.00	¥
普工	¥ -	¥ 600.00	¥ -60.00	¥
普工	¥ -	¥ 600.00	¥ -170.00	¥
普工	¥ -	¥ 600.00	¥ -40.00	¥
普工	¥ -	¥ 600.00	¥ 50.00	¥
普工	¥ -	¥ 600.00	¥ 50.00	¥

CHAPTER 09

数据计算的常用技巧

=SUM(基本工资,提成)

C	D	E
工资结算表		
工龄	基本工资	提成
1 年	¥　2,902.51	¥　1,998
3 年	¥　2,450.54	¥　3,355
3 年	¥　3,129.12	¥　2,450

fx =SUMIF(D3:D11,">2500"

E	F
¥　695.10	
¥　757.20	
¥　798.30	
¥　856.20	
¥　923.40	¥

fx =MAXA(C3:C13)

C	D
¥ 1,249.80	2,389.80
¥ 1,297.50	2,447.40
¥ 1,343.40	2,514.90
¥ 1,400.00	2,576.40
暂无数据	暂无数据

fx =LARGE(E3:E11,4)

B	C	
4	¥ 1,203.60	¥
2	¥ 1,249.80	¥
4	¥ 1,297.50	¥
3	¥ 1,343.40	¥
5	¥ 1,400.00	

A	B	C
员工姓名	部门	基本工
陈东	销售部	¥ 1,200.
马菲		
马亮		
李杰		
曾师		
李安		
罗晓		

fx {=OFFSET($A$32,0,0,-$G$2,3)

	I	
	白天气温	
/29	16.2	
/30	16.3	
	#N/A	

Chapter 09
Chapter 10
Chapter 11
Chapter 12
Chapter 13
Chapter 14
Chapter 15

LESSON 9.1 单元格名称的使用技巧

单元格名称是人为地为单元格或单元格区域命名，以方便实际工作中对单元格数据的引用和计算。在本节中将会介绍定义和使用单元格名称的技巧，帮助用户更改和使用单元格名称。

技巧 080 动态定义单元格名称

动态定义单元格名称，需要函数的结合使用才能实现，如将表格A列中的所有数据定义名称，并自动对其进行统计，也就说无论用户对数据进行增加和减少，定义名称都会对A列中的数据进行动态统计。其快速操作如下。

1 启动"新建名称"对话框

❶单击"公式"选项卡，❷单击"定义名称"按钮，打开"编辑名称"对话框。

2 定义动态名称

❶在"名称"文本框中输入名称，❷在"引用位置"文本框中输入函数"=OFFSET(Sheet1!$A$3,,,COUNTA(Sheet1!$A:$A))"，❸单击"确定"按钮。

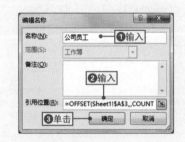

技巧 081 批量定义单元格名称

若用户需要对表格中对应标题行的数据名称定义，并以对应的标题行数据作为单元格名称，这时用户可通过批量定义单元格名称的方法来快速实现。其快速操作如下。

1 批量定义单元格名称

❶选择相应的数据单元格区域，❷单击"根据所选内容创建"按钮，打开"以选定区域创建名称"对话框。

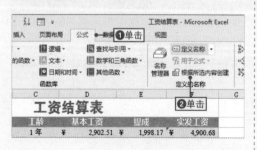

2 选择定义方式

❶选中批量定义的名称复选框，❷单击"确定"按钮。

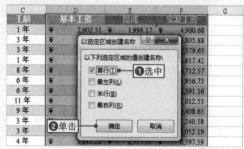

技巧 082　灵活调用单元格名称参与计算

　　用户无论用哪种方式定义单元格名称，它的目的都是应用在实际的工作中，如引用、计算等，但用户不需要手动进行名称的输入来引用，可让系统自动将其引用。其快速操作如下。

1 选择引用位置

❶将文本插入点定位到函数或公式中，❷单击"公式"选项卡。

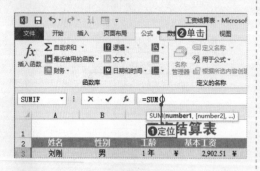

2 引用单元格名称

❶单击"用于公式"下拉按钮，❷选择相应的单元格名称选项。

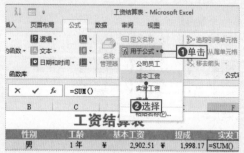

3 完善公式

使用同样的方法来引用其他需要参与计算的单元格名称选项。

技巧 083　轻松管理单元格名称

单元格名称属于用户的人为定义，所以用户可以对其进行管理，如新建、编辑、删除等，使表格中的单元格名称合理、实用。其快速操作如下。

1 打开"名称管理器"对话框

❶单击"公式"选项卡，❷单击"名称管理器"按钮。

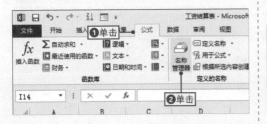

2 定义动态名称

❶选择相应的名称选项，❷单击相应的按钮对其进行管理，如这里单击"删除"按钮将其删除。

LESSON 9.2　公式的使用技巧

在Excel中只要有等号"="连接运算符号，都被称为公式，它是Excel计算数据的一种常用的方法。这里就对表格中使用公式计算数据的技巧进行讲解，帮助用户快速、准确地计算数据。

技巧 084　批量计算同类数据的方法

批量计算同类数据，其实是巧用数据填充和相对引用的方法，来让系统自动对相应的数据进行引用和计算，并得出相应的结果。其快速操作如下。

1 选择目标区域并输入公式

❶选择一组数据单元格，❷在编辑栏中输入相应的公式。

❷ 实现批量计算

按【Ctrl+Enter】组合键，系统自动将相应的结果计算出来。

技巧 085 批量复制公式的方法

批量复制公式，其实就是对一组单元格中的公式同时进行复制，然后将其粘贴或填充到其他位置，并自动计算出相应的结果。其快速操作如下。

❶ 批量复制公式

❶选择含有要复制的公式单元格，❷单击"复制"按钮，复制公式。

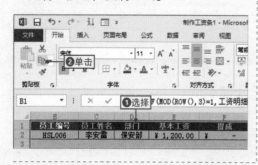

❷ 批量粘贴公式

❶选择要粘贴公式的单元格区域，❷单击"粘贴"按钮，粘贴公式并计算出结果。

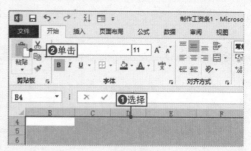

技巧 086 巧用【F9】键查看部分公式结果

我们在计算数据时，特别是对于复杂或较长的公式或函数计算数据时，想要查看其中的部分或全部公式或函数的计算结果，若使用常规方法是不能进行查看的，此时用户可通过按【F9】键来快速实现。其快速操作如下。

❶ 定位要查看计算结果的位置

将文本框插入点定位到需要查看结果的位置，按【F9】键。

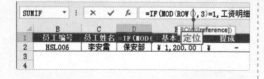

❷ 查看结果

系统自动将用户定位位置的公式或函数计算的结果显示出来（用户要退出查看状态可直接单击编辑栏中的"取消"按钮）。

技巧 087 快速查看函数的帮助信息

在查看和使用函数时，若不知道它的用法或参数结构等，可通过快速帮助信息来解决。其快速操作如下。

1 定位函数

❶将文本插入点定位在要查看信息的函数参数中，❷单击弹出的函数名称超链接。

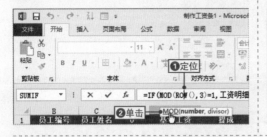

2 查看帮助信息

系统自动打开帮助信息窗口，在其中用户即可查看相应函数的帮助信息。

技巧 088 快速搜索函数

用户想要对某些数据进行计算，但又不知道可以用哪些函数时，可通过搜索函数的技巧快速将其找到，然后再选择最合适的，这样可快速找到理想的函数。其快速操作如下。

1 启动"插入函数"对话框

❶单击"公式"选项卡，❷单击"插入函数"按钮，打开"插入函数"对话框。

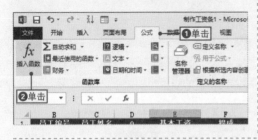

2 搜索函数

❶在"搜索函数"文本框中输入相应的文本或函数，❷单击"转到"按钮，系统自动将相应的函数显示出来。

技巧 089 快速查看和调用最近使用的函数

要使用表格中最近使用过的函数，不是通过常用函数来查看和调用，而是通过名称框来快速查看和调用。其快速操作如下。

Chapter 09
Chapter 10
Chapter 11
Chapter 12
Chapter 13
Chapter 14
Chapter 15

1 在编辑栏中输入公式

❶选择任意单元格，❷在上方的编辑栏中输入"="。

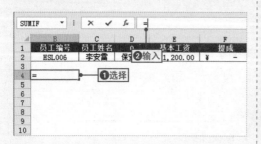

2 选择和查看函数

❶单击"名称框"下拉按钮，❷选择相应的函数选项进行查看或调用。

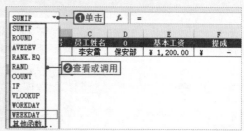

LESSON 9.3 数学和统计函数的应用技巧

我们除了学习函数和公式的基本操作技巧外，还可以对一些常用函数类的操作技巧进行学习。从本节开始，我们将会介绍具体的函数的使用技巧，下面就从数学和统计函数的技巧开始学起。

技巧 090 对指定区域进行快速求和

通常情况的求和基本上都是使用公式或SUM()函数，但要对指定区域进行求和，就不能单纯地使用公式或SUM()函数，而是要通过使用SUMIF()函数来指定数据区域进行求和。其快速操作如下。

1 切换选项卡

❶选择目标单元格，❷切换到"公式"选项卡中。

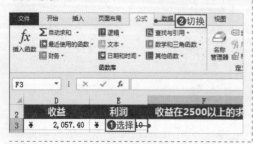

2 选择函数

❶单击"数学和三角函数"下拉按钮，❷选择"SUMIF"选项。

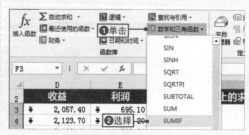

3 设置参数 ////////////////////

打开"函数参数"对话框,设置相应的参数,单击"确定"按钮即可实现。

TIP SUMIF()函数的使用

SUMIF()函数专门用来计算条件区域的求和,它的语法结构为:SUMIF(range, criteria,[sum_range])。其中range表示要进行条件判断的数据区域;criteria表示要进行判断的条件;sum_range为可选参数,表示求和的方式,要求和的实际单元格。若省略sum_range参数,Excel会在范围参数中指定单元格。

技巧 091 快速计算指定区域的平均值

若用户想要计算数据区域的平均值可使用AVERAGE()函数,但要对数据区域中满足条件的数据求平均值,就要使用AVERAGEIF()统计函数来进行计算。其快速操作如下。

1 选择AVERAGEIF()函数 //////////

❶在"公式选项卡中"单击"其他函数"下拉按钮,❷选择"统计/AVERAGEIF()"选项。

2 设置函数参数 ////////////////

打开"函数参数"对话框,设置相应的参数,单击"确定"按钮即可实现。

技巧 092 快速设置数据的上下限

对于一般的数据表格,用户可以直接使用MAX()或MIN()函数来实现对数据进行上下限的取舍,但对于有文本数据的表格,则需要使用MAXA()和MINA()函数来实现。

MAXA()和MINA()函数的用法基本相同,下面就以MAXA()函数为例来讲解相关操作,其快速操作如下。

1 输入函数

❶选择目标单元格，❷在编辑栏中输入函数 "=MAXA(C3:C13)"。

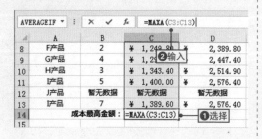

2 查看效果

按【Ctrl+Enter】组合键即可查看系统自动获取最大值的效果。

技巧 093 快速返回第N个数据的最值

在数据中，有时需要显示出第几个数据中的最值，如要在成绩表中快速显示出前3名的成绩，这时用户就可以使用LARGE()函数快速进行查找并将其显示出来。其快速操作如下。

1 打开"函数参数"对话框

选择目标单元格，❶在"公式"选项卡中单击"其他函数"下拉按钮，❷选择"统计/LARGE"选项，打开"函数参数"对话框。

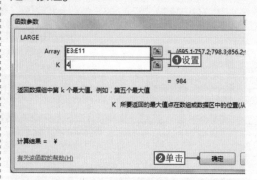

2 设置函数参数

❶设置相应的参数，❷单击下方的"确定"按钮。

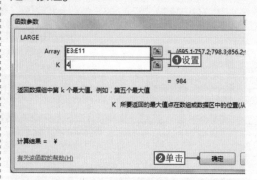

3 查看效果

返回工作表，即可查看使用LARGE()函数计算的结果。

TIP LARGE()函数的使用

LARGE()函数专门用来返回数据集中第n个的最大值，它的语法结构为：LARGE(array, n)，其中array表示要进行条件判断的数据区域，n表示要指定的位置/位数。

Chapter 09
Chapter 10
Chapter 11
Chapter 12
Chapter 13
Chapter 14
Chapter 15

LESSON 9.4 财务函数的应用技巧

财务函数，顾名思义就是用来计算与财务金钱有关的函数。除了一些常用的函数外，这里再介绍几个实用的财务类函数，帮助用户更好地计算工作中的财务数据。

技巧 094 快速计算投资现值

在商务活动中，会经常计算投资现值，如计算投资项目的收益值、理财的未来收益等。用户可使用PV()函数来快速计算并得出结果，其快速操作如下。

1 选择"PV"选项

❶选择目标单元格，❷在"公式"选项卡中单击"财务"下拉按钮，❸选择"PV"选项。

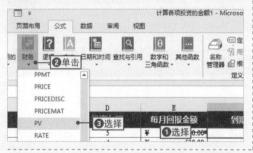

2 设置函数参数

打开"函数参数"对话框，分别设置相应的参数，按【Enter】键确认。

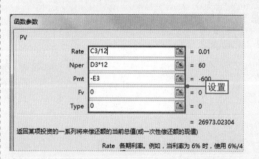

3 查看计算结果

返回工作表中即可查看使用PV()函数计算的结果。

TIP PV()函数的使用

PV()函数专门用于计算投资现值或未来收益值，它的语法结构为：PV(rate,nper,pmt, [fv], [type])。其中rate表示年利率，若用户要按照月进行计算就要将它除以12；nper表示投资期限，默认的单位为年；fv表示最后一次付款后希望得到的现金余额，是可选参数；type表示各期的付款时间是在期初还是期末，数字0表示期初或1表示期末。

技巧 095 快速计算偿债基金

在现在的商务活动中，银行融资是非常常见的业务，所以计算偿还金额就是必要的工作，此时用户不需要求助于他人，只需使用PMT()函数就能快速计算。其快速操作如下。

1 输入函数计算偿债基金

❶选择目标单元格，❷在编辑栏中输入函数"=PMT(B3,B4,,-B2)"。

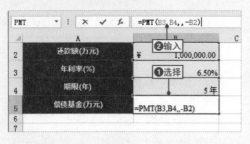

2 确认函数得出结果

单击"输入"按钮确认函数，系统将自动计算偿债基金。

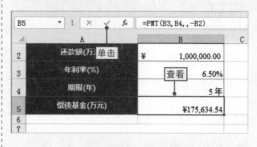

技巧 096 快速计算投资利率

在投资商业活动中，人们会经常提起一个名称——回报率，其实也就是利率，它会直接决定投资回报的金额。所以用户若要计算投资回报率可使用RATE()函数快速实现，其快速操作如下。

1 输入函数计算回报利率

❶选择目标单元格，❷在编辑栏中输入函数"=RATE(B3,-B4,B2)"。

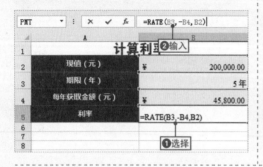

2 确认函数得出结果

按【Ctrl+Enter】组合键，系统将自动计算利率。

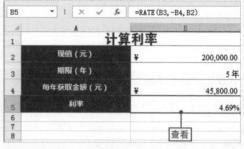

Chapter 09
Chapter 10
Chapter 11
Chapter 12
Chapter 13
Chapter 14
Chapter 15

技巧 097　快速计算固定资产的折旧值

　　公司的所有固定资产，如电脑、机床等，从购买后就开始变旧直到完全报废，这个折旧的过程是可控和可计算的。下面通过使用SLN()函数来计算固定资产的折旧固定值，其快速操作如下。

1 输入函数计算折旧数据

❶选择目标单元格，❷在编辑栏中输入函数"=SLN(C3,0,B3)"。

	A	B	C
PMT	▼ : × ✓ fx	=SLN(C3, 0, B3)	
2	固定资产	使用时间（年）❷输入	资产原值
3	电脑	10	3500
4			
5	时间	直线折旧值	
6	第1年	=SLN(C3, 0, B3)	
7	第2年		
8	第3年	❶选择	
9	第4年		

2 确认函数得出结果

按【Ctrl+Enter】组合键，系统将自动计算折旧值。

	A	B	C
B6	▼ : × ✓ fx	=SLN(C3, 0, B3)	
2	固定资产	使用时间（年）	资产原值
3	电脑	10	3500
4			
5	时间	直线折旧值	
6	第1年	¥350.00	
7	第2年		
8	第3年	查看	
9	第4年		

LESSON 9.5　文本函数的应用技巧

对于表格中的数字数据，用户可使用任何函数计算数据，但对于表格中字符的提取或计算，就得使用文本函数来实现。下面就介绍一些实用文本函数的使用技巧。

技巧 098　获取指定字符

　　要对单元格中的字符进行部分截取，可通过使用文本函数来快速实现，下面就使用LEFT()和LEN()函数联合使用获取字符。其快速操作如下。

1 输入函数获取部分字符

❶选择目标单元格，❷在编辑栏中输入函数"=LEFT(C3,LEN(C3)-2)*D3"。

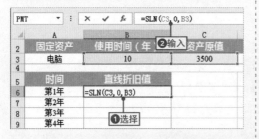

	B	C	D	E
× ✓ fx	=LEFT(C3,LEN(C3)-2)*D3			❷输入
	投入金额	收益	交易手数	获利
	¥ 1,020.00	205.74/手	4	=LEFT(C3, LEN(C3)
	¥ 1,070.10	212.37/手	4	❶选择
	¥ 1,113.60	218.34/手	5	

2 确认函数得出结果

按【Ctrl+Enter】组合键确认函数，并使用系统填充函数，计算相应的数据。

B	C	D	E
投入金额	**收益**	**交易手数**	**获利**
¥ 1,020.00	205.74/手	4	¥822.96
¥ 1,070.10	212.37/手	4	¥849.48
¥ 1,113.60	218.34/手	4 查看	¥1,091.70
¥ 1,159.20	225.99/手	6	¥1,355.94
¥ 1,203.60	231.66/手	4	¥926.64

公式栏：=LEFT(C3,LEN(C3)-2)*D3

TIP LEFT()和LEN()函数的使用

LEFT()函数用来获取指定个数的字符，它的语法结构为：LEFT(text,[num_chars])。其中text包含了要提取字符的文本字符串；num_chars表示提取字符的数量，为可选参数。

LEN()函数用来计算文本字符串中的字符个数，它的语法结构为：LEN(text)。其中text表示要查找其长度的文本串。

技巧099 自动添加人民币单位

在表格中经常会为单元格中的数据通过定义数据类型来为其添加货币符号，使表格数据变得专业，现在不需要再通过定义数据类型来实现，只需使用RMB()函数就可实现计算和货币单位的添加。其快速操作如下。

1 计算数据并添加货币符号

❶选择目标单元格，❷在编辑栏中输入函数"=RMB(C3*D3)"。

2 确认函数得出结果

按【Ctrl+Enter】组合键确认函数，并使用填充柄填充函数计算相应的结果。

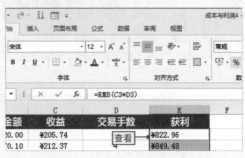

技巧100 快速修改表格中的数据

通常情况下，用户要替换表格中的数据都是使用查找和替换功能来快速将其替换，其实在Excel中，用户也可以使用REPLACE()函数来快速将指定的数据进行替换，如编号样式的替换。其快速操作如下。

1 选择"REPLACE"选项

❶选择目标单元格，❷单击"文本"下拉
按钮，❸选择"REPLACE"选项。

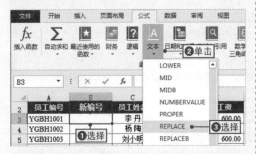

2 设置函数参数

打开"函数参数"对话框，分别设置相应
的参数，按【Enter】键确认。

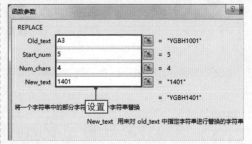

3 查看替换效果

使用同样的方法在其他单元格中输入函数
替换数据。

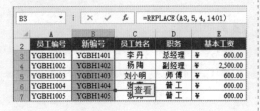

TIP REPLACE()函数的使用

REPLACE()函数用来替换字符串中部分字
符，它的语法结构为：REPLACE(old_text,
start_num,num_chars,new_text)。其中old_
text表示要替换字符的字符串；start_num表
示开始替换字符的位置；num_chars表示替
换的字符个数；new_text表示要替换为的字
符串。

技巧 101 直观展示数据

要在表格中直观数据，就只有将数据展示为相关的符号，在文本函数中用户
可直接使用REPT()函数来快速实现。其快速操作如下。

1 输入函数

❶选择目标单元格，❷在编辑栏中输入函
数"REPT($H$3,G5/50)"。

	D	E	F	G	H
	=REPT($B$3,G5/50) ❷输入				
	周三	周四	周五	合计	进度
	52	50	48	250	$3,G5/50)
	57	45	48	250	
	48	50	50	250	❶选择
	40	35	48	218	
	39	46	50	234	

2 确认函数得出结果

按【Ctrl+Enter】组合键确认函数，并使用
填充柄填充函数计算相应的结果。

E	F	G	H
=REPT($B$3,G5/50)			
周四	周五	合计	进度
50	48	250	■■■■■
45	48	250	■■■■■
50	50	250	■■■■■
35	48	234	查看 ■■■■
46	50	234	■■■■
46	50	245	■■■■

LESSON
9.6
日期和时间函数

要计算与日期相关的数据，最方便的方法就是使用日期和时间函数。下面就来介绍一些经常使用的日期和时间函数的使用技巧。

技巧 102 快速计算任务完成的实际工作日期

在接受一些任务或工程时，通常要计算实际用多少时间来完成这些任务或工程，以确定生产进度和方式，这时用户可使用WORKDAY()函数来快速计算。其快速操作如下。

1 输入函数计算回报利率

❶选择目标单元格，❷在编辑栏中输入函数"=WORKDAY(D5,E5,K4:L8)"。

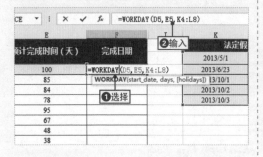

E	F	L	K
预计完成时间（天）	完成日期		法定假
			2013/5/1
100	=WORKDAY(D5,E5,K4:L8)		2013/6/23
85	WORKDAY(start_date, days, [holidays])		13/10/1
84			2013/10/2
78			2013/10/3
95			
67			
48			
38			

2 复制函数

按【Ctrl+Enter】组合键确认函数，按【Ctrl+C】组合键复制函数。

F5			fx	=WORKDAY(D5, E5, K4:L8)
	D	E		F
3	开始生产日期	预计完成时间（天）		完成日期
4				
5	2015年8月1日	100		2015年12月18日
6	2015年8月2日	85		
7	2015年8月3日	84		
8	2015年8月4日	78		复制
9	2015年8月5日	95		
10	2015年8月6日	67		
11	2015年8月7日	48		
12	2015年8月8日	38		

3 粘贴函数

选择单元格区域，按【Ctrl+V】组合键粘贴函数，并自动计算相应的日期数据。

F6			fx	=WORKDAY(D6, E6, K5:L9)
	D	E		F
5	2015年8月1日	100		2015年12月18日
6	2015年8月2日	85		2015年11月27日
7	2015年8月3日	84		2015年11月27日
8	2015年8月4日	78		2015年11月20日
9	2015年8月5日	95	粘贴	2015年12月16日
10	2015年8月6日	67		2015年11月9日

TIP WORKDAY()函数的使用

WORKDAY()函数用来计算除法定假日和周末外的实际工作日期，它的语法结构为：WORKDAY(start_date,days,[holidays])。其中start_date表示开始日期；days表示间隔日期；holidays表示法定假日，通常是数组，它是可选参数。

技巧 103　自动判断任务生产是否超期

　　在一些项目中，一些管理者为了控制生产进度，通常会采用倒计时的方式来提醒任务的剩余时间，从而做出相应的调整。在Excel中可使用时间和日期函数来实现，其快速操作如下。

1 输入函数计算回报利率

❶选择目标单元格，❷在编辑栏中输入函数"TODAY()"，按【Ctrl+Enter】组合键获取当前日期时间。

2 计算年限

❶选择目标单元格，❷在编辑栏中输入函数，按【Ctrl+Enter】组合键计算项目完成的剩余年限。

3 计算月份

❶选择目标单元格，❷在编辑栏中输入函数，按【Ctrl+Enter】组合键计算项目完成的剩余月数。

4 计算天数

❶选择目标单元格，❷在编辑栏中输入函数，按【Ctrl+Enter】组合键计算项目完成的剩余天数。

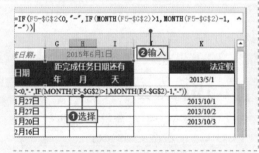

技巧 104　自动生成周考勤标题

　　考勤表是大部分公司每月都要进行的工作，所以考勤表也是每月必做的表格之一，但用户不需要对表格的每部分都手动进行更改，如其中的标题就可以让系统自动生成。其快速操作如下。

1 输入函数计算回报利率

❶选择目标单元格，❷在编辑栏中输入函数 "=WEEKNUM(D2,2)&"周考勤表""。

2 确认函数

按【Ctrl+Enter】组合键确认函数，并自动生成考勤标题。

LESSON 9.7 查找和引用函数

要在表格中对数据进行引用、查找和匹配，最佳的函数就是使用查找和引用类函数。它既能对数据进行精确查找，也可对数据进行模糊查找，可完全按照用户的想法实施。

技巧 105 快速制作快速查询区

在一些数据较多的表格中，用户可创建一个快速查询数据区域版本，方便用户快速查看数据，如根据编号或姓名查找信息等。其快速操作如下。

1 输入函数自动获取数据

❶选择单元格，❷在编辑栏中输入函数 "=VLOOKUP($B$22,$A$3:$F$18,2,0)"。

2 确认并复制函数

按【Ctrl+Enter】组合键确认函数，按【Ctrl+C】组合键复制函数。

3 粘贴函数

❶选择目标单元格区域，按【Ctrl+V】组合键粘贴函数，❷修改编辑栏中相关函数的参数。

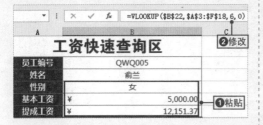

4 更改编号

在目标单元格中输入相应的编号，这里在B22单元格中输入编号"QEQ008"，按【Enter】键系统将自动查找相应的数据。

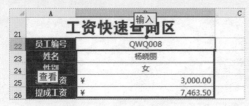

TIP VLOOKUP()函数的使用

VLOOKUP()函数专门用来对表格中的数据进行垂直查找并返回相应的数据。它的语法结构为：VLOOKUP(lookup_value,table_array,col_index_num,[range_lookup])。其中lookup_value表示要查找的数据；table_array表示查找的数据区域；col_index_num表示表格中的第几列；range_lookup表示查找的方式：0表示模糊匹配，1表示精确匹配。

TIP VLOOKUP()函数参数的设置

在表格中，col_index_num的数字与表格的列数相对应，如表格第一列对应的就是1，第二列就是2，依此类推。

参数lookup_value和table_array都要以绝对引用的方式将它们引用起来，否则系统就不能正常查找相应的数据或使找出数据是错位的，有时还会出现找不到的情况。

技巧 106 配合数据序列查找数据

我们在前面数据限制的章节讲过，可以使用下拉选项来限制表格中数据的输入。现在用户也可根据下拉选项来控制数据的显示，其快速操作如下。

1 输入数据匹配函数

❶选择单元格，❷在编辑栏中输入函数"=INDEX($B$3:$F$17,MATCH($A$21,$A$3:$A$17,0),)"，按【Ctrl+Enter】组合键。

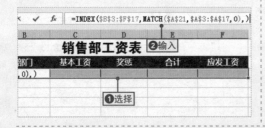

2 使用下拉选项切换数据

❶选择下拉序列选项单元格，并单击其右侧出现的下拉按钮，❷选择相应的选项进行数据切换。

CHAPTER 10

管理表格数据的技巧

本章导读

在本章中将会学习常用的管理数据的方法技巧，如条件格式、筛选、分类汇总等，以帮助用户灵活高效地管理表格中的数据。

¥600,000.00	⇨ ¥870,000.00		
⇨ ¥870,000.00	¥680,000.00		
⇨¥1,140,000.00	¥800,000.00		
¥680,000.00	⬇ ¥340,000.00		
¥800,000.00	⇨ ¥870,000.00		
⬆¥1,950,000.00	⇨¥1,140,000.00		
⇨ ¥870,000.00	⇨¥1,140,000.00		

第1周	第2周
¥600,000.00	¥560,000.00
¥600,000.00	¥870,000.00
¥870,000.00	¥680,000.00
¥1,140,000.00	¥800,000.00
¥680,000.00	¥340,000.00
¥800,000.00	¥870,000.00
¥1,950,000.00	¥1,140,000.00

零时序号	员工姓名	
1	陈舟	
2	敬枚	
3	陈东	
4	李安	

身份证号码	性别	民族
510662********4266	男	汉
学历	实际年龄	
硕士	<30	

编号	姓名	身份证号码
YQS0002	陈春利	330253********547
YQS0014	王春燕	213254********142
	姓名	
	春	

品名称	日期	产品编号
按摩器	2015/3/15	XJ-224810
按摩器	2015/3/27	XJ-224827
器 汇总		
冰箱	2015/3/5	XJ-224806
冰箱	2015/3/10	XJ-224819
箱 汇总		
电磁炉	2015/3/9	XJ-224818
电磁炉	2015/3/15	XJ-224822
炉 汇总		

本章技巧

技巧107 轻松突显指定范围的数据
技巧108 强调表格中的重复数据
技巧109 直观展示数据大小
技巧110 巧用色阶划分数据范围
技巧111 巧妙展示数据特征
......

LESSON 10.1 条件格式的使用技巧

条件格式也被称为条件规则，是专门用来标注和突出显示表格中符合条件的特别数据。它大体有3种样式：数据格式样式、图形图标样式和色彩样式以及自定义样式。下面就分别对这些知识技巧进行讲解。

技巧 107 轻松突显指定范围的数据

用户如果想要突出显示表格中某一数据范围的数据，可以通过条件格式来快速实现，如突出显示大于某一数据。其快速操作如下。

1 选择突出条件规则

选择目标单元格区域，❶在"开始"选项卡中单击"条件格式"下拉按钮，❷选择"突出显示单元格规则/大于"命令。

2 设置突显规则

打开"大于"对话框，❶设置相应的参数，❷单击"确定"按钮完成。

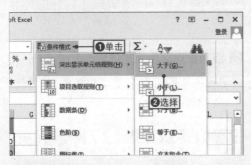

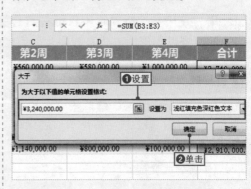

3 查看突显效果

返回工作表中即可查看使用条件规则突出显示指定范围的数据的效果。

¥960,000.00	¥820,000.00	¥2,800,000.00
¥680,000.00	¥340,000.00	¥2,690,000.00
¥800,000.00	¥100,000.00	¥3,990,000.00
¥800,000.00	¥100,000.00	¥2,910,000.00

技巧 108 强调表格中的重复数据

条件格式不仅可以突出显示表格中某一范围的数据，还能快速将表格中重复的数据突出显示出来。其快速操作如下。

1 选择突出条件方式

选择目标单元格区域，❶单击"条件格式"下拉按钮，❷选择"突出显示单元格规则/重复值"命令。

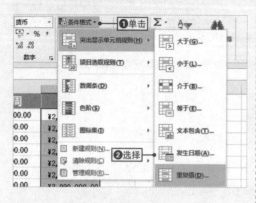

2 选择定义方式

打开"重复值"对话框，❶设置相应的参数，❷单击"确定"按钮完成。

技巧 109 直观展示数据大小

用户使用条件格式，不仅能将符合条件格式的数据突出显示出来，还能将表格中的数据以图形的方式直观展示，方便数据大小的对比。其快速操作如下。

1 选择数据条样式

选择目标单元格区域，❶单击"条件格式"下拉按钮，❷选择"数据条"选项，❸选择相应的选项。

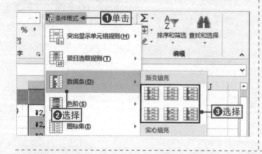

2 查看直观展示数据效果

在工作表中即可查看使用数据条直观展示数据的效果。

技巧 110 巧用色阶划分数据范围

用户若要将表格中的数据分成几个明显的范围，可通过色阶的方式来快速实现。其快速操作如下。

1 选择色阶选项

选择目标单元格区域，❶单击"条件格式"下拉按钮，❷选择"色阶"选项，❸选择相应的选项。

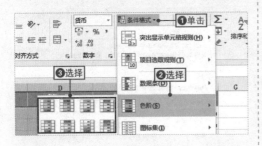

2 查看色阶划分数据效果

在工作表中即可查看使用色阶划分数据范围的效果。

	B	C	D	
2	第1周	第2周	第3周	第
3	¥600,000.00	¥560,000.00	¥580,000.00	¥1,0
4	¥600,000.00	¥870,000.00	¥680,000.00	¥34
5	¥870,000.00	¥680,000.00	¥340,000.00	¥96
6	¥1,140,000.00	¥800,000.00	¥100,000.00	¥92
7	¥680,000.00	¥340,000.00	¥960,000.00	¥82
8	¥800,000.00	¥870,000.00	¥680,000.00	¥34
9	¥1,950,000.00	¥1,140,000.00	¥800,000.00	¥10
10	¥870,000.00	¥1,140,000.00	¥800,000.00	¥10
11				
12			查看	
13				

技巧 111　巧妙展示数据特征

要显示表格中指定数据的特征，如增加、上涨、下跌、减少、持平等，都可以通过条件规则的图标集合来快速实现。其快速操作如下。

1 选择图标集样式

选择目标单元格区域，❶单击"条件格式"下拉按钮，❷选择"图标集"选项，❸选择相应的选项。

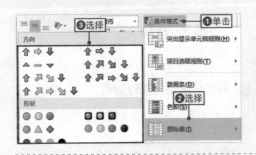

2 查看图标集展示数据特征效果

在工作表中即可查看图标集展示数据特征的效果。

	B	C	D	
2	第1周	第2周	第3周	第
3	¥600,000.00	¥560,000.00	¥580,000.00	¥1,0
4	¥600,000.00	¥870,000.00	¥680,000.00	¥34
5	¥870,000.00	¥680,000.00	¥340,000.00	¥96
6	¥1,140,000.00	¥800,000.00	¥100,000.00	¥92
7	¥680,000.00	¥340,000.00	¥960,000.00	¥82
8	¥800,000.00	¥870,000.00	¥680,000.00	¥34
9	¥1,950,000.00	¥1,140,000.00	¥800,000.00	¥10
10	¥870,000.00	¥1,140,000.00	¥800,000.00	¥10
11				
12			查看	
13				

技巧 112　巧用规则产生隔行样式

如果用户只把条件规则的作用，归结为突显和直观展示数据，那就大错特错，因为它还能达到许多意想不到的目的，其中就包括自动生成隔行样式。其快速操作如下。

1 新建规则

❶选择目标单元格区域，❷单击"条件格式"下拉按钮，❸选择"新建规则"命令，打开"新建格式规则"对话框。

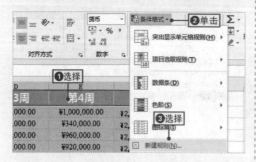

2 选择格式规则方式

❶选择"使用公式确定要设置格式的单元格"选项，❷在文本框中输入函数，❸单击"格式"按钮。

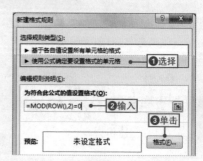

3 设置偶数行底纹颜色

打开"设置单元格格式"对话框，❶单击"填充"选项卡，❷选择相应的颜色选项作为偶数行的底纹样式，依次单击"确定"按钮。

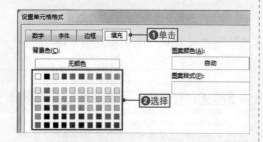

4 输入函数选择奇数行

再次打开"新建格式规则"对话框，❶选择"使用公式确定要设置格式的单元格"选项，❷在文本框中输入函数，❸单击"格式"按钮，打开"设置单元格格式"对话框。

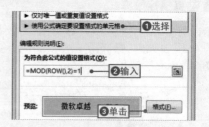

5 设置奇数行底纹颜色

❶单击"填充"选项卡，❷选择相应的颜色样式作为偶数行的底纹效果，依次单击"确定"按钮完成设置。

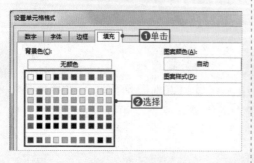

6 查看自动生成隔行效果

返回工作表中即可查看使用条件规则生成隔行样式的效果。

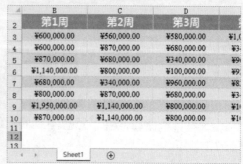

技巧 113 调整规则的优先级别

在同一单元格区域中，若用户同时应用了多个条件规则样式，则用户可调整它们的应用的优先级别，也就是先后顺序。其快速操作如下。

1 打开规则管理器

选择已应用条件格式的单元格区域，❶单击"条件格式"下拉按钮，❷选择"管理规则"命令。

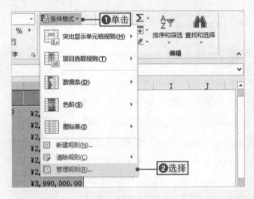

2 调整规则的优先级别

打开"条件格式规则管理器"对话框，❶选择相应的条件格式选项，❷单击"上移"或"下移"按钮进行调整，❸单击"确定"按钮确认即可。

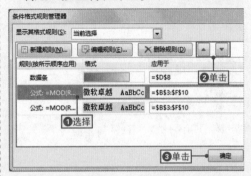

技巧 114 巧将条件格式应用于数据定义中

在常规情况下，条件格式都是独立完成的，但用户仍能将其巧妙地应用到自定义数据格式中，来设置符号条件数据的显示方式。其快速操作如下。

1 打开"设置单元格格式"对话框

❶选择目标单元格区域，❷单击"数字"组中的"对话框启动器"按钮，打开"设置单元格格式"对话框。

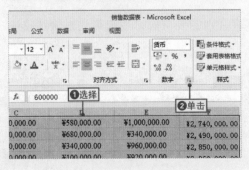

2 自定义条件格式类型

❶在"数字"选项卡中选择"自定义"选项，❷在"类型"文本框中输入条件格式代码，最后单击"确定"按钮确认即可。

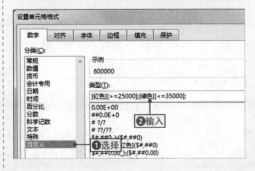

若用户要删除表中所有的条件样式，可直接通过菜单选项快速将其删除。其快速操作如下。

1 选择"清除规则"选项

❶单击"条件格式"下拉按钮，❷选择"清除规则"选项。

2 清除整个所有条件样式

在其打开的子菜单中选择"清除整个工作表的规则"命令，即可将所有应用的条件样式清除。

> **TIP 清除选择的条件格式**
>
> 选择要清除条件格式的单元格或单元格区域，单击"条件格式"下拉按钮，选择"清除规则/清除所选单元格的规则"命令即可。

LESSON 10.2 数据排序的技巧

对表格中数据顺序的排列，不仅是单击升序或降序按钮这么简单，其中有很多需要灵活处理的操作，如不能排序或排序错误等情况，这些都需要使用一些巧妙的技巧来解决。下面就对这些排序技巧进行讲解。

技巧 116 快速实现数据排序

在普通的二维表格中，在没有对排序有特别的要求时，用户可通过快速排序的方式来管理数据。其快速操作如下。

1 切换选项卡

❶选择要排序的任意数据单元格，❷单击"数据"选项卡。

2 对数据进行排序

单击"升序"或"降序"按钮快速对相应数据列进行排序。

技巧 117　巧妙对混合数据进行排序

　　若是要对表格中字符和数字组成的混合数据进行排序，按照常规的方法，系统会按照字符部分进行排列，若用户要求先按字符部分排序，同时再对数字部分排序，使用常规的方法就无效了。

　　这时用户可巧妙使用排序功能来实现，其快速操作如下。

1 输入函数生产新数据

❶选择新的数据列，❷在编辑栏中输入函数"=LEFT(A3,1)&RIGHT("000"&RIGHT(A3,LEN(A3)-1),3)"。

2 自定义条件格式类型

按【Ctrl+Enter】组合键得出新数据，❶单击"数据"选项卡，❷单击"升序"或"降序"按钮。

3 选择排序依据

打开"排序提醒"对话框，❶选中"扩展选定区域"单选按钮，❷单击"排序"按钮。

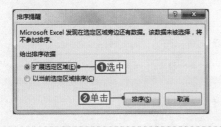

TIP 排序依据的使用

在Excel中排序依据其实可以理解为排序的范围。它分为两种：以当前选定区域排序和扩展选定区域。

其中，以当前选定区域排序是指系统只对当前选定的区域进行数据排列，不对其表格中其他对应的数据排序。而扩展选定区域排序是对选定区域和其所对应的数据区域一起进行排列。

技巧 118 快速按行进行排序

表格中的数据按行进行排序，相对于按列进行排序要少见，但不并不意味着它是高难度，用户只需进行简单选项设置即可实现。其快速操作如下。

1 打开"排序"对话框

❶选择任意数据单元格，❷在"开始"选项卡中单击"排序"按钮。

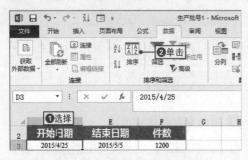

2 打开"排序选项"对话框

在打开的"排序"对话框中直接单击"选项"按钮，打开"排序选项"对话框。

3 设置排序选项

❶选中"按行排序"单选按钮，❷单击"确定"按钮，切换到按行排序方式，再进行排序即可。

TIP 切换按列排序

用户要恢复按列排序的方式，可按同样的方法切换回来即可。

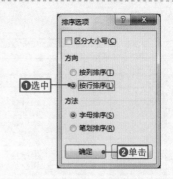

技巧 119 按颜色进行排序

在Excel表格中，如果使用条件格式为单元格设置颜色，则可利用按颜色排序的方法对数据进行排序。其快速操作如下。。

1 打开"排序"对话框

❶选择任意数据，❷单击"排序"按钮，打开"排序"对话框。

2 设置排序依据

❶设置主要关键字字段，❷单击"排序依据"下拉按钮，❸选择"单元格颜色"选项，切换到颜色排序模式中。

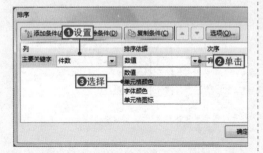

3 设置排序次序

❶单击"次序"下拉按钮，❷选择相应的颜色选项，❸设置放置位置，❹单击"确定"按钮。

技巧 120 同时满足多条件排序

要同时满足多列数据的排序，就需要添加排序条件选项，然后再进行相应的排序设置即可实现。其快速操作如下。

1 添加排序条件

打开"排序"对话框，单击"添加条件"按钮添加次要关键字排序选项。

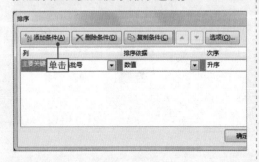

2 设置添加的排序条件

❶按照常规的方法对添加的排序条件进行相应的设置，❷单击"确定"按钮。

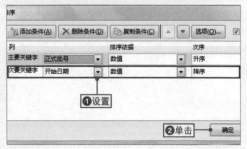

技巧 121 自定义排序序列

无论是对数据进行排序，还是对单元格颜色进行排序，都只是对系统中已有的排序方式进行选择和应用，当遇到特别要求的排序时它就显得不足，这时用户可通过自定序列的方式来解决。其快速操作如下。

1 选择排序方式 ////////////////

打开"排序"对话框，❶单击"次序"下拉按钮，❷选择"自定义序列"命令。

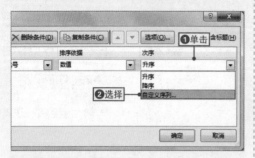

2 输入序列 ////////////////

打开"自定义序列"对话框，❶在"输入序列"文本框中输入自定义序列，❷单击"添加"按钮，❸单击"确定"按钮。

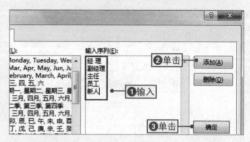

技巧 122 无标题排序

无标题排序就是不以标题字段为关键字排序，而是按列标为关键字进行排序，所以标题行也会参与排列。其快速操作如下。

1 取消包含标题方式排序 ////////////////

单击"排序"按钮，打开"排序"对话框，取消选中"数据包含标题"复选框。

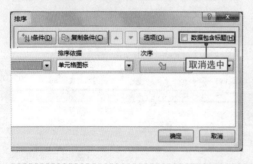

2 设置和确认排序方式 ////////////////

❶设置排序方式，❷单击"确定"按钮确认设置。

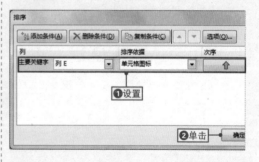

技巧 123 巧妙恢复排序前顺序

要恢复排序前的数据顺序，它自身是无法实现的，需要借助用户手动添加数据序列，作为数据辅助列来记住数据最初的排列顺序，然后根据这些"记忆"将其恢复。其快速操作如下。

1 插入辅助列 ///////////////

在表格数据中插入一列辅助列，来记住原始数据的顺序，然后对数据进行相应的排序。

D	E	F	G	H
售出数量	售出价格	合计金额	辅助列	
5 部	¥ 2,520.00	¥ 12,600.00	1	
6 部	¥ 2,520.00	¥ 15,120.00	2	
7 部	¥ 2,520.00	¥ 17,640.00	3	
7 部	¥ 2,520.00	¥ 插入 0.00	4	
7 部	¥ 2,520.00	¥ 17,640.00	5	
8 部	¥ 2,520.00	¥ 20,160.00	6	
10 部	¥ 2,520.00	¥ 25,200.00	7	

2 恢复原先数据顺序 ///////////////

❶选择辅助列中的任意数据单元格，❷在"数据"选项卡中单击"升序"按钮恢复到最初的数据顺序。

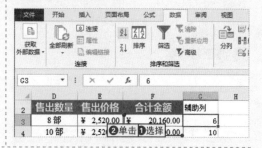

Chapter 09
Chapter 10
Chapter 11
Chapter 12
Chapter 13
Chapter 14
Chapter 15

LESSON 10.3 数据筛选的技巧

数据筛选是将符合条件的数据筛选出来，而将其他不符和筛选条件的数据隐藏起来，并且不对原有数据有任何损害。用户只要掌握这些筛选技巧就能灵活自如地对表格中的数据进行筛选。下面就分别对这些技巧进行介绍。

技巧 124 快速进行数据筛选

对于表格中一些简单数据的筛选，可以直接使用快速筛选的方式来实现，如筛选出大于、小于、介于或某一段日期数据等。其快速操作如下。

1 进入自动筛选状态 ///////////////

❶选择任意数据单元格，❷单击"数据"选项卡，❸单击"筛选"按钮快速进入筛选状态。

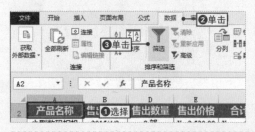

2 快速筛选 ///////////////

❶单击字段标题右侧下拉按钮，❷选择相应的筛选方式，如选择"日期筛选/下周"选项。

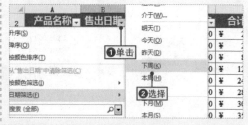

在Excel进入自动筛选状态后，它会自动记住相应数据的各类字段名称，并以复选框的方式存在名称框列表中，用户可通过选择这些名称框来快速实现筛选数据的目的。其快速操作如下。

1 清空名称框

❶单击字段标题右侧下拉按钮，❷取消选中"全选"复选框。

2 筛选数据

❶选中要显示的数据名称框，❷单击"确定"按钮确认即可。

若用户能清楚地知道数据的字段名称，可直接通过自动筛选中的搜索框来快速筛选。其快速操作如下。

1 输入筛选数据

❶单击字段标题右侧下拉按钮，❷在搜索框中输入要搜索的字段名称。

2 确认设置并筛选

查看搜索结果，最后单击"确定"按钮确认即可。

技巧 127 快速进行多条件筛选

用户想要进行同时满足多个条件的数据筛选，就需要通过自定义筛选的方式来完成，从而快速显示出结果。其快速操作如下。

1 选择筛选方式

❶单击字段标题右侧下拉按钮，❷选择"数字筛选/自定义筛选"命令。

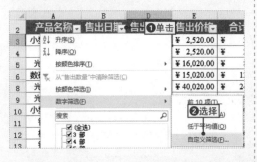

2 确认设置并筛选

打开"自定义自动筛选方式"对话框，❶设置多个筛选条件，❷单击"确定"按钮确认即可。

技巧 128 巧对多重标题进行自动筛选

若要对带有多重标题的表格数据进行筛选，不能直接通过自动筛选状态来实现，而需要通过一些灵活的处理，否则将不能正常进行自动筛选。其操作如下。

1 选择标题数据

将鼠标光标移到标题最底层数据行的行号上，当鼠标光标变成"➡"形状时，单击将该行数据选择。

	B	C	D	E	F
3				培训项目	
4	企业概况	规章制度	法律知识	基础财务知识	电脑基础操作
5	80	75	78	82	74
6	64	70	79	81	71
7	76	84	75	73	78
8	67	75	69	87	85
9	77	84	74	71	80

2 进入正常的自动筛选状态

在"数据"选项卡中单击"筛选"按钮进入自动筛选状态，再进行筛选操作即可。

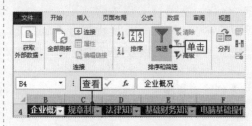

技巧 129 巧设表格保护与自动筛选同时存在

在Excel中不能对已经设置工作表保护的数据进行自动筛选，但用户可通过巧妙设置来让受保护的工作表中的数据也能正常进行自动筛选。其快速操作如下。

1 进入筛选状态

❶选择任意数据单元格，❷单击"数据"选项卡，❸单击"筛选"按钮，进入自动筛选状态。

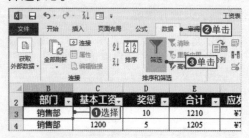

2 保护工作表

❶单击"审阅"选项卡，❷单击"保护工作表"按钮。

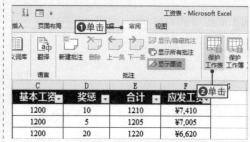

3 允许自动筛选

打开"保护工作表"对话框，❶选中"使用自动筛选"复选框，❷单击"确定"按钮，实现工作表的保护与自动筛选并存。

TIP 筛选提醒

在Excel中，能进行自动筛选，也就能进行高级筛选，所有只要受保护的工作表允许自动筛选，就能进行相应的筛选操作。

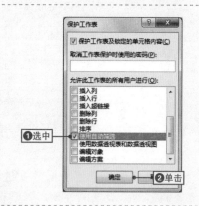

技巧 130 对自动筛选结果进行重新编号

我们知道自动筛选的结果是将不符合筛选条件的数据隐藏起来，所以对于一些有编号的数据就会出现编号不连续的情况，用户要想让筛选后的数据有连续的编号，可配合函数一起来实现。其快速操作如下。

1 创建动态序号

❶在要进行重新编号的表格中选择目标数据单元格区域，❷在编辑栏中输入函数"=N(SUBTOTAL(3,B\$3:B3))"，按【Ctrl+Enter】组合键得出"零时序号"编号。

| A3 | | ▼ | : | × | ✓ | fx | =N(SUBTOTAL(3,B\$3:B3)) |

	A	B	C	D	E
2	零时序号	员工姓名	部门	❷输入 资	奖惩
3	1	陈舟	销售部	1200	10
4	2	高鹏	销售部	1200	5
5	3	赵敏	销售部	1200	20
6	4	张亚静	销售部	1200	15
7	5	卢西	销售部	1200	-6
8	6		销售部	1200	10
9	7	敬枚	销售部	1200	-16
10	8	陈东	销售部	1200	50

❶选择

2 查看自动编号效果

在表格中进行相应的自动筛选即可查看系统自动对筛选出来的数据自动编号的效果。

	A	B	C	D	E
2	零时序号	员工姓名	部门	基本工资	奖惩
3	1	陈舟	销售部	1200	10
9	2	查看	销售部	1200	-16
10	3	陈东	销售部	1200	50
15	4	李安	销售部	1200	-10

技巧 131　精准筛选数据

除了对数据进行大范围筛选外，用户还可以对表格中的数据进行精准筛选，而且这些筛选条件，完全可由用户自定义。其快速操作如下。

1 设置筛选条件

❶在表格任意空白单元格区域中输入高级筛选条件，❷选择任意数据单元格。

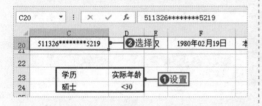

2 进入高级筛选状态

❶单击"数据"选项卡，❷单击"高级"按钮，打开"高级筛选"对话框。

3 设置条件区域参数

❶将文本框插入点定位在"条件区域"文本框中，❷在表格中手动设置筛选条件区域，❸单击"确定"按钮。

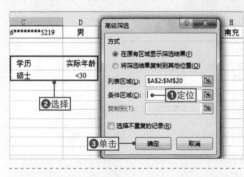

4 查看高级精准筛选结果

返回表格即可看到系统已将符合筛选条件的结果精确筛选出来。

技巧 132　快速进行模糊匹配数据

模糊匹配数据其实就是使用通配符，将含有相同数据的数据信息全部筛选出来，如要将员工档案表中的名字中带有"涵"的员工数据全部筛选出来或是将不同型号的同类商品数据全部筛选出来等，都可以使用模糊匹配的方式快速实现。
其快速操作如下。

1 设置模糊匹配条件

❶在表格任意空白单元格区域中输入高级
筛选条件，❷选择任意数据单元格，❸单
击"高级"按钮。

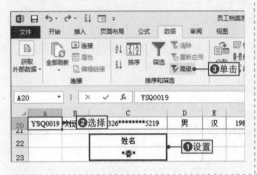

2 设置列表和条件区域

打开"高级筛选"对话框，在其中设置列
表区域和条件区域，单击"确定"按钮进
行模糊筛选。

3 查看模糊匹配结果

返回工作表中即可查看使用通配符进行模
糊筛选的结果。

TIP 模糊筛选的常用通配符

在Excel中，最常用的通配符为"*"和"？"，
其中"*"表示任意字符、任意数量，而"？"
表示单个任意字符。所以大多数情况下，为了
方便起见，都会使用"*"通配符来匹配数据。

技巧 133 巧将筛选结果保存到其他工作表中

通常情况下，都是将筛选结果直接放置在当前工作表中，而要将放置位置设
置为其他工作表中，此时用户只需进行简单顺序处理即可解决。其快速操作
如下。

1 选择筛选结果放置的位置

❶切换到要放置筛选结果的工作表中，
❷在"数据"对话框中单击"高级"按
钮，打开"高级筛选"对话框。

2 指定筛选结果放置方式 ////////////

❶选中"将筛选结果复制到其他位置"单选按钮，❷单击"列表区域"后的"折叠"按钮。

3 设置筛选数据源 ////////////

❶切换到数据源工作表中，❷选择数据源区域，❸单击"展开"按钮，展开"高级筛选"对话框。

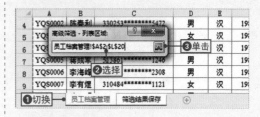

4 设置条件区域 ////////////

❶以同样的方法设置其他"高级筛选-条件区域"的参数，❷单击"展开"按钮。

5 设置放置位置 ////////////

❶将文本插入定位到"复制到"文本框中，系统自动切换到放置筛选结果的工作表中，❷在表格中选择放置结果的位置单元格，❸单击"确定"按钮完成设置。

巧用高级筛选删除表格中的重复项

　　在使用高级筛选功能对数据进行筛选时，可同时将重复项目删除，若用户只想通过高级筛选将重复项删除，只需对条件区域进行巧妙设置，然后进行筛选即可实现。其快速操作如下。

1 清空条件区域 ////////////

打开"高级筛选"对话框，清除条件区域中已设置的参数或让其保持默认的空白。

2 去掉筛选重复项 ////////////

❶选中"选择不重复的记录"复选框，❷单击"确定"按钮。

CHAPTER 11

巧妙分析数据的图表技巧

本章导读

在本章将会介绍使用图表分析数据的一般通用技巧和复杂的编辑技巧，以帮助用户创建更满意的图表。

本章技巧

技巧135 创建简易图表
技巧136 智能创建图表
技巧137 切换数据行或列
技巧138 更改图表数据源
技巧139 快速添加或减少数据序列
......

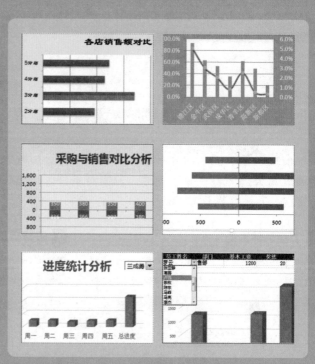

LESSON 11.1　图表创建的技巧

在Excel 2013中创建图表的方法非常简单，只需用户进行简单的几步操作就能创建出图表，但用户仍能使用一些简易的技巧来使创建图表的方法变得更加简单和智能。

技巧 135　创建简易图表

在Excel中对于一些简单数据的分析，可创建简易的图表——迷你图来分析。其快速操作如下。

1 选择迷你图放置位置

❶选择同行或同列数据，❷单击"插入"选项卡。

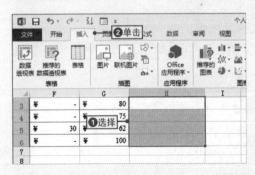

2 创建简易图

❶单击相应的迷你图按钮，❷在打开的"创建迷你图"对话框中设置"数据范围"参数，❸单击"确定"按钮。

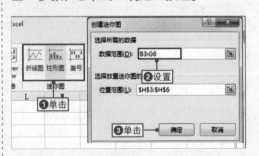

技巧 136　智能创建图表

在Excel 2013中，新增一个推荐的图表功能，用户可使用它快速创建出适合数据的图表。其快速操作如下。

1 创建推荐图表

❶选择任意数据单元格，❷在"插入"选项卡中单击"推荐的图表"按钮，打开"插入图表"对话框。

2 选择图表类型

在合适图表选项上双击即可快速创建图表。

LESSON 112 编辑图表数据源的技巧

图表的绘制和显示，都是根据数据源来确定的，所以当用户创建图表后，仍然可通过编辑图表的数据源来更改图表的样式，以使其更好地展示和分析数据。

技巧 137 切换数据行或列

一般情况下，在数据源中标题行数据就是图表的横坐标轴数据，而首列数据是图表纵坐标轴，所以若用户觉得图表的横纵坐标轴数据要进行调换，可直接通过切换行列的方式来完成。其快速操作如下。

1 打开"选择数据源"对话框

在图表上右击选择"选择数据"命令，打开"选择数据源"对话框。

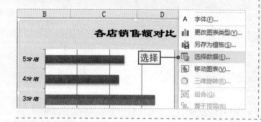

2 切换行列数据

❶单击"切换行/列"按钮，❷单击"确定"按钮。

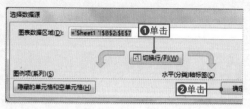

技巧 138 更改图表数据源

用户不仅可以对数据的行和列进行切换，还可以直接更改图表的所有数据源，从而让图表重新来绘制和展示数据。其快速操作如下。

1 清除原有数据源

打开"选择数据源"对话框，清除"图表数据区域"文本框中的数据。

2 重新选择数据源

在表格中选择数据区域作为新的数据源，单击"确定"按钮确认即可。

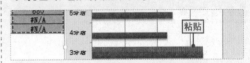

技巧 139　快速添加或减少数据序列

用户要更改图表的数据序列，不一定要重新更改数据源，可直接在图表或表格中进行相应的操作来实现。其快速操作如下。

1 复制数据

❶在表格中选择并复制要添加到图表的数据，❷选择图表将其激活。

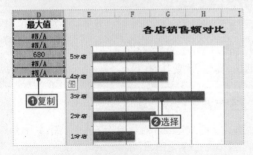

2 添加数据序列

在图表中按【Ctrl+V】组合键粘贴数据，系统自动增加数据系列。

TIP 删除数据序列

在图表中连续单击相应的数据序列将其选择，再按【Delete】键将其删除。

技巧 140　断开图表与数据源的联系

要断开图表与数据源的联系，可以将其转换成图片，这样就能使图表与数据源之间的联系断开。其快速操作如下。

1 复制图表

选择图表，❶单击"复制"下拉按钮，❷选择"复制为图片"命令。

2 粘贴图表图片

打开"复制图片"对话框，选中相应的单
选按钮，单击"确定"按钮，粘贴图表图
片，实现图表与数据源的断开。

① 选中

② 单击

在Excel中图表的操作基本相同，但有些微妙的不同，特别是一些图表的
处理具有特殊性，不能用通用的方法来解决，所以必须用一些特殊的技巧
对其进行快速、巧妙地处理。下面分别进行介绍。

技巧 141 巧妙去除分类坐标轴上的空白日期

在坐标轴中，若某些日期没有对应的数据序列，就会显示为空白色，此时就
需要用户进行相应处理，去掉该类空白日期。其快速操作如下。

1 打开"设置坐标轴格式"窗格

在坐标轴上右击，选择"设置坐标轴格
式"命令，打开"设置坐标轴格式"对
话框。

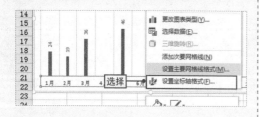

2 设置坐标轴选项

选中"文本坐标轴"单选按钮，去掉分类
坐标轴上的空白日期。

技巧 142 使用直线连接断开的折线图

在使用折线图分析数据时，若数据源中有空白数据，折现图中就会出现断开
的情况，这时需要用户手动进行处理和设置。其快速操作如下。

1 启动处理隐藏和空单元格功能

打开"选数据源"对话框，单击"隐藏的单元格和空单元格"按钮，打开"隐藏和空单元格设置"对话框。

2 使用直线连接数据点

选中"用直线连接数据点"单选按钮，依次单击"确定"按钮，系统自动以直线连接图表中断点处。

技巧 143　巧妙处理折线图中负值

若要突出折现图中的负值，可为其灵活设置特殊的数据格式，让其自动去掉符号，并以醒目的方式显示。其快速操作如下。

1 打开"设置数据标签格式"窗格

在数据标签上右击，选择"设置数据标签格式"命令，打开"设置数据标签格式"窗格。

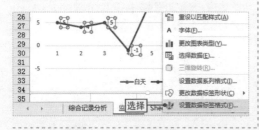

2 设置数字类型

❶展开"数字"选项，❷设置"类别"为"数字"，关闭窗口即可。

技巧 144　突出强调饼图特定区域

在饼图中，如要特别突出某一区域数据，可通过使用该数据部分所在的区域突出即可，其快速操作如下。

1 打开"设置数据点格式"窗格

选择要突出的区域并在其上上右击，选择"设置数据点格式"命令。

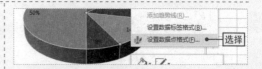

2 设置区域突出

分别设置"第一扇区起始角度"和"点爆炸型"的数值，然后关闭窗格即可。

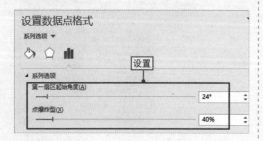

3 查看突出效果

在工作表中即可查看突出饼图特殊区域的效果。

技巧 145 隐藏饼图中数据小于指定百分比数据标签

在饼图中有个常见的现象，就是有些区域的扇区太小，数据标签放不下，很不方便查看，有的甚至可以完全忽略，不利于数据的分析。这时用户可通过将小于多少比例的数据标签和项目隐藏来解决，其快速操作如下。

1 选择数据类型

打开"设置数据标签格式"窗格，❶展开"数字"选项，❷选择"类别"选项为"自定义"。

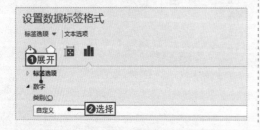

2 设置格式代码

❶在"格式代码"文本框中输入指定的格式代码，如这里将小于2%的数据标签和项目隐藏，❷单击"添加"按钮。

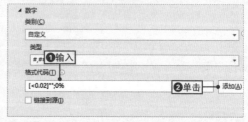

技巧 146 手动分配饼图的第二绘图区域

用户创建的复合饼图，会随机将一些数据分离到第二绘图区中，但用户还是可以根据实际需要，设置第二绘图区放置数据的项目多少和大小。其快速操作如下。

1 设置数据系列分割依据 ////////////////////////

❶在"设置数据系列格式"窗格中单击"系列分割依据"下拉按钮，❷选择相应的选项作为系列分割的依据。

2 设置第二绘图区 ////////////////////////

在"小于该值的值"数值框中输入相应数字或单击其后的微调按钮进行调整来设置第二绘图区分割情况。

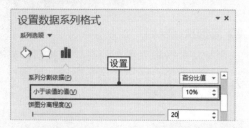

LESSON 11.4　图表编辑的高级操作技巧

在上面的知识中主要讲解了创建和编辑图表的常规方法，这主要是针对一些常见简易图表，而要制作特殊的图表效果，就会显得捉襟见肘。下面就介绍一些实用的编辑图表的高级操作技巧，以帮助用户制作高级图表。

技巧 147　巧妙显示图表中不同类数据的大小

在图表中有两类数据，但这两类数据的数据表示方式或大小相差明显，且在同一坐标轴很不方便查看，此时用户就可以再添加次要坐标轴，形成双坐标轴来解决。其快速操作如下。

1 选择要添加次坐标轴的数据系列 ////////

❶选择要添加次坐标轴的数据系列，并在其上右击，❷选择"设置数据系列格式"命令。

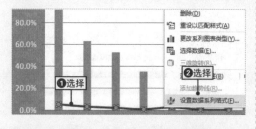

2 添加次坐标轴 ////////////////////////

打开"设置数据系列格式"窗格，选中"次坐标轴"单选按钮，添加次坐标轴，形成双坐标轴图表。

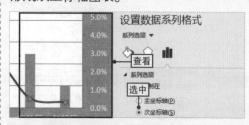

靠背图表其实是公用纵坐标轴的对称图表，特别适用于对两组数据进行对比，使用户能直观清晰看出数据的差别。其快速操作如下。

1 添加次坐标轴

选择相应的数据系列，打开"设置数据系列格式"窗格，选中"次坐标轴"单选按钮，添加次坐标轴。

2 设置次坐标轴选项

❶选择添加的次要坐标轴，此时窗格变成"设置坐标轴格式"窗格，❷单击"坐标轴选项"选项卡，❸设置"最小值"。

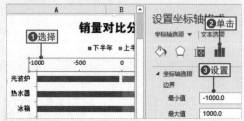

3 设置次坐标轴方向

❶选中"逆序刻度值"复选框，❷展开"数字"下拉选项。

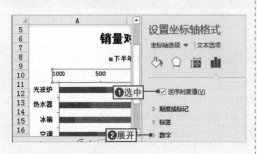

4 设置次坐标轴数字格式

❶选择"类别"选项为"自定义"，❷设置格式代码，❸单击"添加"按钮。

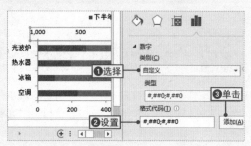

5 设置主坐标轴刻度

❶选择主坐标轴，❷在"最小值"文本中输入相应的数据。

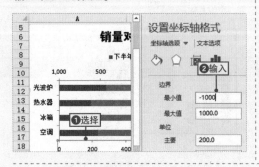

6 查看对称图表效果

选择添加的次坐标轴，按【Delete】键将其删除，完成设置后即可看到最终的对称图表效果。

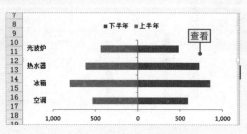

技巧149 巧将形状融于图表直观展示数据

　　用户不仅可以通过设置数据系列格式的方式来设置数据系列填充方式，还可以将形状融入图表中，使图表显示更加直观、个性。其快速操作如下。

1 复制形状

选择要融于图表数据系列的形状，按【Ctrl+C】组合键复制。

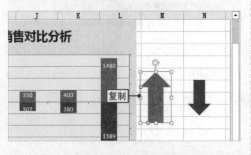

2 融入形状

❶选择要融入形状的数据系列，❷单击"粘贴"按钮或按【Ctrl+V】组合键粘贴。

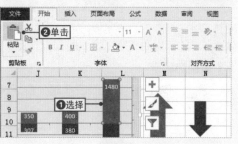

技巧150 巧妙地在图表中显示极值

　　要在图表中显示极值，需借助辅助列和函数来自动获取表格中的极值，然后在创建图表后即可实现。其快速操作如下。

1 创建辅助列

创建最大值和最小值辅助列并分别输入最大值和最小值函数，得出相应结果。

店铺名称	销售额（万元）	最大值	最小值
1分店	￥ 251.00	#N/A	251
2分店	￥ 380.00	#N/A	#N/A
3分店	￥ 创建 .00	680	#N/A
4分店	￥ 456.00	#N/A	#N/A
5分店	￥ 489.00	#N/A	#N/A

公式栏：=IF(C3=MAX($C$3:$C$7),C3,NA())

2 查看效果

选择数据，创建柱形图或条形图即可查看显示极值效果。

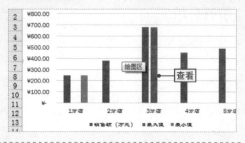

技巧151 控制图表的绘制方式

　　在Excel中，创建的图表默认都是静态图表，要想控制图表的绘制方式，需要为图表添加控件来动态地为图表赋值，从而实现变化。其快速操作如下。

1 输入函数

❶选择目标单元格区域，❷在编辑栏中输入函数"=INDEX($B$4:$G$17,$A$20,)"，按【Ctrl+Enter】组合键。

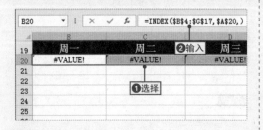

2 创建图表

❶在"插入"选项卡中单击"柱形图"下拉按钮，❷选择相应的柱形图选项。

3 切换选项卡

❶在图表中输入并设置图表标题，❷切换到"开发工具"选项卡中。

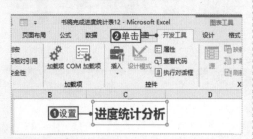

4 添加控件

❶单击"插入"下拉按钮，❷选择"组合框"选项。

5 绘制控件

❶在工作表中绘制控件，并在其上右击，❷选择"设置控件格式"命令。

6 设置控件格式

打开"设置控件格式"对话框，❶单击"控制"选项卡，❷设置相应的参数，❸单击"确定"按钮。

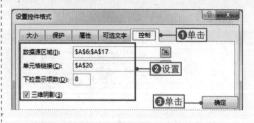

7 查看效果

在图表中，单击添加的控件下拉按钮，选择相应的选项，即可查看对应的选项，从而实现动态控制图表。

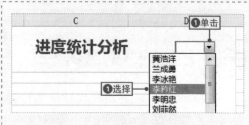

快速创建动态图表

　　用户除了直接通过添加控件创建动态图表外，还可以在已有的数据中创建动态图表，如下拉序列选项动态表格中创建动态图表等。其快速操作如下。

1 创建动态图表

❶选择单元格区域，❷在"插入"选项卡中单击"插入柱形图"下拉按钮。❸选择相应的柱形图现象。

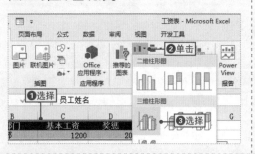

2 切换图表显示

❶单击下拉序列选项单元格右侧的下拉按钮，❷选择相应的选项，切换图表显示。

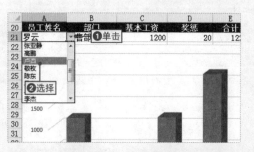

CHAPTER 12

使用数据透视表
分析数据的技巧

本章导读

在上一章中介绍了使用图表分析数据的技巧，在本章中将会介绍另外两种分析数据的功能——数据透视表和数据透视图的使用技巧，使用户能随心所欲地分析表格中能够的数据。

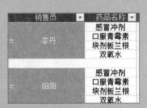

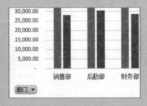

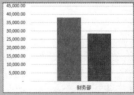

LESSON 12.1 透视表的创建和编辑技巧

透视表的全称是数据透视表，它虽然只是一种表格，但它仍然有其使用技巧，如无论数据如何变化始终让其保持指定的宽度。下面就对数据透视表中的创建和编辑技巧进行介绍。

技巧 153 快速创建数据透视表

在Excel 2013中，创建数据透视表的方法可分为两种：传统创建和智能创建。用户要快速创建数据透视表，可采用智能创建的方法，其快速操作如下。

1 智能创建数据透视表

❶选择数据单元格，❷单击"插入"选项卡，❸单击"推荐的数据透视表"按钮。

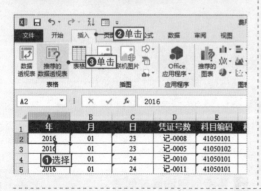

2 选择数据透视表样式

打开"推荐的数据透视表"对话框，双击相应的数据透视表样式选项，快速创建合适的数据透视表。

3 查看效果

返回工作表中即可看到所创建的数据透视表。

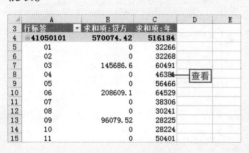

TIP 传统创建数据透视表的方法

选择数据单元格，单击"插入"选项卡中的"推荐的数据透视表"按钮，在打开的"创建数据透视表"对话框中直接单击"确定"按钮即可。

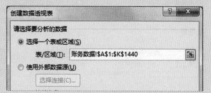

技巧 154 自动刷新数据透视表数据源

在Excel中，默认创建的数据透视表不会自动将数据源中的数据变化同步显示，它需要手动进行更新，不过用户可通过简单的设置来让系统在每次打开文件时就自动进行更新，从而让其显示最新数据。其快速操作如下。

1 启动"数据透视表选项"对话框

在任意数据单元格上右击，选择"数据透视表选项"命令，打开"数据透视表选项"对话框。

2 设置打开文件时更新数据

❶单击"数据"选项卡，❷选中"打开文件时刷新数据"复选框，❸单击"确定"按钮。

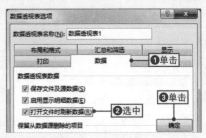

技巧 155 巧妙让数据透视表始终保持一定列宽

用户有时会发现，当刷新数据表后，数据透视表的列宽可能会发生一些变化，从而出现数据无法完全显示或影响整体的协调和美观，不过不用担心，用户可通过简单的设置即可解决该问题。其快速操作如下。

1 打开"数据透视表选项"对话框

在任意数据单元格上右击，选择"数据透视表选项"命令，打开"数据透视表选项"对话框。

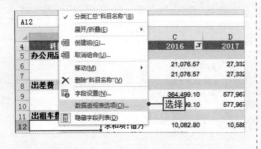

2 更新时自动调整列宽

❶单击"布局和格式"选项卡，❷取消选中"更新时自动调整列宽"复选框，❸单击"确定"按钮。

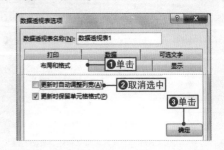

技巧 156　快速更改数据透视表中数据的排序方式

透视表是表格中的一种，所以它也具有一般表格的属性，如排序、汇总等，所以用户也可对其进行灵活排序，以改变数据透视表中数据的排列方式。其快速操作如下。

1 更改排序方式

在任意数据单元格上右击，选择"排序"选项，在其子菜单中选择相应的排序命令。

2 查看排序效果

在表格中即可查看数据透视表数据重新排列的效果。

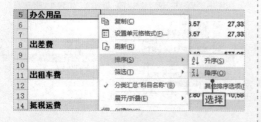

技巧 157　分组显示数据透视表

在数据透视表中，用户可将相应的数据手动划分到一起，从而使整个数据表结构变得简洁和清晰。其快速操作如下。

1 创建分组

❶选择要组合到一起的数据单元格区域，
❷单击"数据透视表工具 分析"选项卡，
❸单击"组选择"按钮。

2 查看分组效果

在数据透视表中即可看到数据透视表中数据分组的效果。

🅣🅘🅟 取消组合的方法

选择要取消组合的数据，在"数据透视表工具 分析"选项卡中单击"取消组合"按钮，即可将组合取消。

技巧 158 随心所欲调整数据透视表布局样式

用户除了通过在"数据透视表字段"窗格中勾选相应的字段复选框来改变数据透视表的布局外，还可以直接在数据透视表中以手动拖动方式来自主改变。其快速操作如下。

1 更改透视表布局

选择要移动的字段选项或数据选项，并将鼠标光标移到其边框上，当鼠标光标变成"⁛"形状时，按住鼠标左键不放，拖动鼠标到合适位置，释放鼠标即可。

2 查看快速更改布局效果

在表格中即可查看通过手动拖动更改数据透视表数据的布局样式效果。

LESSON 12.2 透视表数据计算和管理技巧

数据透视表是一种快速汇总的表格，所以也能对其中的数据进行计算和管理，但它具有一定的特殊性，使其具有很多计算和管理数据的巧妙方法。下面就分别对其进行介绍。

技巧 159 快速统计数据透视表中重复项目

要在数据透视表中快速统计出重复项目，如统计各个部门、各组中的人数等，可通过添加值的方式来实现。下面以快速统计各个学历的人数为例来进行讲解，其快速操作如下。

1 添加行字段

在"数据透视表字段"窗格中选中相应的复选框，添加行字段。

2 添加值字段 ////////////////

❶单击相应的行字段，❷选择"移动到数值"选项，将其移到"值"列标签框中。

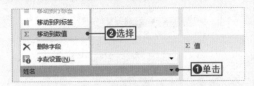

3 查看自动计算效果 ////////////////

系统自动将相应字段重复值进行计算，从而统计出相应的字段中的重复选项。

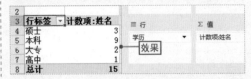

技巧 160 自由切换数据透视表的汇总方式

默认创建的数据透视表的汇总方式，都是以求和的方式进行汇总，但它不是固定不变的，用户可根据实际的需要进行自由的切换。其快速操作如下。

1 启动"值字段设置"对话框 ////////////////

在相应的字段上或汇总项上右击，选择"值汇总依据/其他选项"命令，打开"值字段设置"对话框。

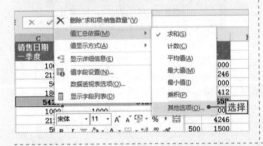

2 设置值字段类型 ////////////////

❶在"计算类型"列表框中选择相应的选项，❷单击"确定"按钮确认即可。

技巧 161 轻松标记数据透视表中的合并项

在数据透视表的表格布局中，每项的标志数据都会显示在该区域的第一个单元格中，为了增加数据透视表的可读性，用户可将其合并。其快速操作如下。

1 启动"数据透视表选项"对话框 ///////////

选择任意数据透视表的数据单元格，❶单击"数据透视表工具 分析"选项卡，❷单击"选项"按钮，打开"数据透视表选项"对话框。

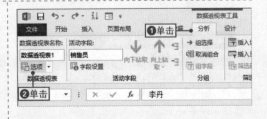

Chapter 09
Chapter 10
Chapter 11
Chapter 12
Chapter 13
Chapter 14
Chapter 15

2 合并标签数据 ▨▨▨▨▨▨▨▨▨▨▨▨

❶单击"布局和格式"选项卡，❷选中
"合并且居中排列带标签的单元格"复选
框，最后单击"确定"按钮即可。

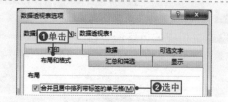

技巧 162　快速查看数据透视表中各个项目的百分比

　　在数据透视表中要查看相应项目的数据占整个项目的比重，可通过设置简单
设置值显示方式来快速实现。其快速操作如下。

1 启动"值显示方式"对话框 ▨▨▨▨

在数据透视表中的任意数据单元格上右
击，选择"值显示方式/父级汇总的百分
比"命令。

2 查看自动计算效果 ▨▨▨▨▨▨▨▨

打开"值显示方式"对话框，❶单击"基
本字段"下拉按钮，❷选择基本字段选
项，❸单击"确定"按钮确认即可。

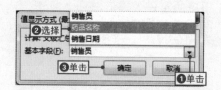

技巧 163　对数据透视表进行多重合并计算

　　多重汇总的合并计算，其实是让系统根据多张数据源来创建数据透视表，并
自动产生相应的计算项，在数据计算上类似于合并计算。它能将多张数据源快速
地在同一数据透视表中进行透视分析。其快速操作如下。

1 打开向导对话框 ▨▨▨▨▨▨▨▨▨▨

在数据透视表中的任意数据单元格，依次
按【Alt】、【D】、【P】键，打开"数
据透视表和数据透视图向导"对话框。

2 指定数据源和报表类型 ▨▨▨▨▨▨

❶选中"多重合并计算数据区域"单选按
钮，❷选中"数据透视表"单选按钮，单
击"下一步"按钮。

---

3 选择字段方式

在打开的向导2对话框中，❶选中"创建单页字段"单选按钮，❷单击"下一步"按钮。

4 添加数据源

打开向导3对话框，❶分别将不同工作表中要进行合并计算的数据区域添加到"所有区域"中，作为透视表的数据源，❷单击"下一步"按钮。

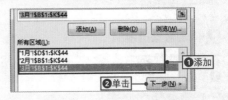

5 选择数据透视表放置位置

在打开的向导4对话框中，❶选中放置透视表的位置单选按钮，❷单击"完成"按钮，完成设置。

技巧
164
巧将数据透视表样式转换为分类汇总样式

　　用户要将数据透视表的样式转换成分类汇总样式，就需添加汇总行，并将透视表的样式切换成表格样式。其快速操作如下。

1 设置透视表布局样式

选择任意的数据单元格，❶在"数据透视表工具 设计"选项卡中单击"报表布局"下拉按钮，❷选择"以表格形式显示"选项。

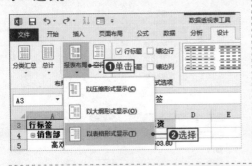

2 设置分类汇总显示位置

❶单击"分类汇总"下拉按钮，❷选择"在组的底部显示所有分类汇总"选项。

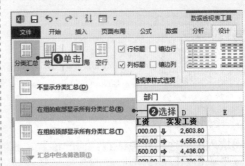

技巧 165　快速添加数据透视图

　　数据透视表只是一种表格，虽然能对数据进行透视分析，但不够完美，但用户可通过将其"伙伴"——数据透视图请出来，即可弥补数据透视表中的缺陷。其快速操作如下。

1 添加数据透视图

在数据透视表中选择任意数据单元格，❶单击"数据透视表工具 分析"选项卡，❷单击"数据透视图"按钮。

2 选择透视图类型

打开"插入图表"对话框，选择相应的图表选项，然后单击"确定"按钮创建数据透视图。

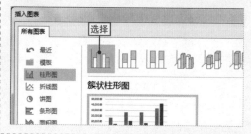

技巧 166　巧为数据透视图表添加控制开关

　　用户若想在数据透视表中快速查看相应字段数据，可通过为其添加控制开关的方法来实现。其快速操作如下。

1 插入切片器

在数据透视表中选择任意数据单元格，❶单击"数据透视表工具 分析"选项卡，❷单击"插入切片器"按钮。

2 选择切片器选项

打开"插入切片器"对话框，选中相应的字段复选框，单击"确定"按钮。

3 使用开关

将插入的切片器开关移到合适的位置，在其中单击相应的选项，此时数据透视图表中立即会显示相应的数据。

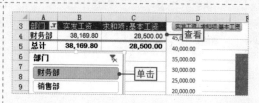

用户除了借助切片器这个开关来控制数据透视图表显示外，数据透视图同样也有这样的功能。其快速操作如下。

1 选择数据选项

❶单击数据透视图中的字段下拉按钮，❷在名称框中选中要显示的数据字段复选框，❸单击"确定"按钮。

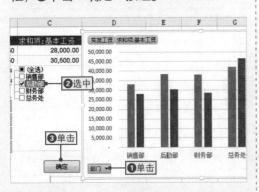

2 查看效果

此时数据透视图表即可显示出筛选后的数据。

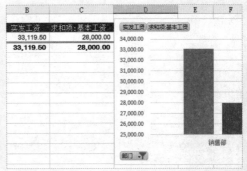

CHAPTER 13

账务管理：公司收支情况表

成本是商务活动中必不可少的投入，公司或企业在运行一段时间后，都需要将相应的预算投入成本与实际开销成本进行统计，得出公司在该时间段内投入成本的运作情况，以及是否需要在预算成本上进行调整，是否对项目实际支出进行调整等。

流程展示

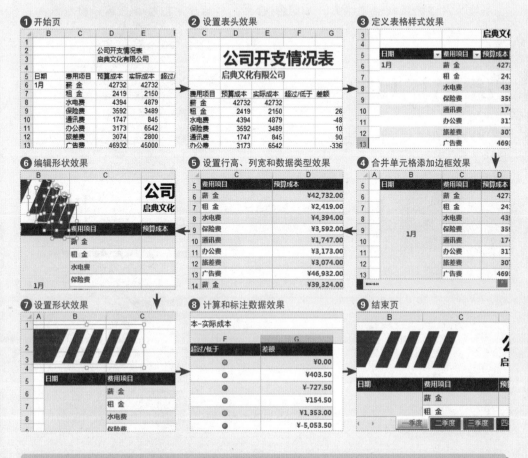

❶ 开始页
❷ 设置表头效果
❸ 定义表格样式效果
❻ 编辑形状效果
❺ 设置行高、列宽和数据类型效果
❹ 合并单元格添加边框效果
❼ 设置形状效果
❽ 计算和标注数据效果
❾ 结束页

» 素材文件：无

» 效果文件：光盘\效果\第13章\公司开支费用表.xlsx

» 同步视频文件：光盘\案例教学视频\案例1\

案例分析

◆ 结构分析：本例中的工作簿采用的是N并列结构，即分别以4张工作表来展示不同季度的预算成本和实际成本。

◆ 内容分析：本工作簿中的主体内容部分是❸~❽，它们彼此呈并列关系，用户在实际制作过程中，可随意更改制作的工作簿的任意过程，但前提是能对本书的知识点熟悉掌握，这样更适合用户的操作习惯。

Chapter 09
Chapter 10
Chapter 11
Chapter 12
Chapter 13
Chapter 14
Chapter 15

◆ 风格分析：本例的风格偏商务类型，但为了不显得过于死板，在表头部分插入了形状来制作表头标志，如第❻~❼页为编辑形状，同时将有的字体都设为较为严谨的微软雅黑字体，如第❸~❾页，然后加入图标集来展示数据状态，如第❽页。主色调是冷色调，以体现专业性和严谨性。

同类拓展

针对本例开支数据，还可使用类似如下的几种风格表格样式，来展示和分析数据。

>> 效果文件：光盘\效果\第13章\家庭每月预算规划.xlsx

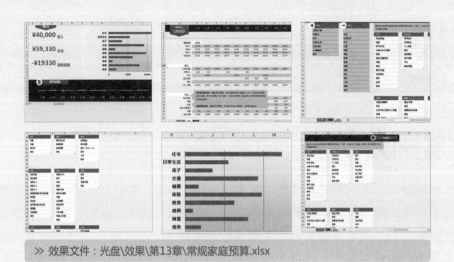

>> 效果文件：光盘\效果\第13章\常规家庭预算.xlsx

LESSON 01 制作公司收支情况表的结构

表格结构就相当于楼房的钢架构，要想高效地制作出需要的表格，且风格统一，就必须在开始制作表格之前，先将表格大体结构进行确定。在做好相关准备工作后，本节将进行表结构的制作。

1 新建公司收支情况表

我们在创建一个完整的工作簿前，首先需创建一个空白工作簿，用来放置各种数据和对象等元素。

1 启动Excel软件

按【开始】键，在"所有程序"界面中，❶展开 "Micorsoft Office 2013" 文件夹，❷选择 "Excel 2013" 选项。

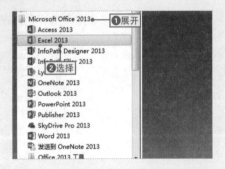

2 新建空白工作簿

启动Excel后，系统自动切换到开始界面，双击"空白工作簿"图标按钮，创建空白工作簿。

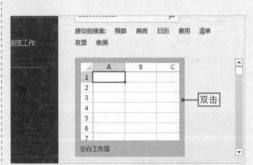

3 另存工作簿

按【F12】键，快速打开"另存为"对话框，❶设置工作簿保存的位置，❷在"文件名"文本框中输入工作簿名称，❸单击"保存"按钮保存。

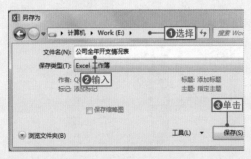

4 查看新建工作簿效果

返回工作表中即可看到工作簿的名称已经由"工作簿1"变成了"公司全年开支情况表"。

② 录入表格数据

创建工作簿后，用户就需要在其中输入相应的数据来充实表格，使工作簿有存在的意义，同时为后面的数据处理做准备。

1 输入主表头

❶选择D2单元格，❷在编辑栏中输入主表头文本"公司开支情况表"。

2 输入副表头

按【Enter】键切换到D3单元格，输入副表头文本"启典文化有限公司"。

3 输入标题行和数据主体部分数据

以同样的方法，在相应的单元格中输入标题行和数据主体的数据。

6	1月	薪 金	42732	42732
7		租 金	2419	2150
8	输入	水电费	4394	4879
9		保险费	3592	3489
10		通讯费	1747	845
11		办公费	3173	6542
12		旅差费	3074	2800
13		广告费	46932	45000
14	2月		39324	39324
15			1302	1500

③ 填充序号数据

对于表格中相同的数据，用户不需要完全手动输入，可借助填充柄功能来快速实现输入。

1 填充项目数据

❶选择C6:C13单元格区域，将鼠标光标移到其右下角，❷当鼠标光标变成加号形状时双击。

2 查看填充的项目数据

系统自动根据用户选择单元格区域数据填充在相应的单元格中，完成第一季度项目数据的录入。

	B	C	D	E	F	G
14	2月	薪 金	39324	39324		
15		租 金	1302	1500		-19
16		水电费	3576	3589		-1
17		保险费	2671	2784		-11
18		通讯费	3787	3654		13
19	填充	办公费	1827	1900		-7
20		旅差费	3843	3800		4
21		广告费	26508	26500		50
22	3月	薪 金	17196	15000		219
23		租 金	4211	4211		
24		水电费	2145	2000		14
25		保险费	2303	2303		

LESSON 02 格式化收支表的外观效果

在工作簿中输入相应的数据后，只是做好了初步准备，还需要对其外观样式进行设置，使其变得美观和专业。下面就分别对其进行设置，其具体操作如下。

1 设置表头数据格式

通常情况下，人们设置表格格式的顺序基本上是表头—标题行—数据主体。下面就开始对表头数据格式进行设置。

1 设置表头数据字体

❶选择D2单元格，❷单击"字体"下拉按钮，❸选择"微软雅黑"选项。

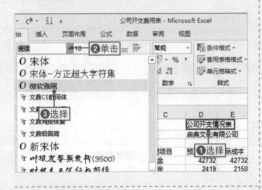

2 设置表头数据字号

保持D2单元格选择状态，❶单击"字号"下拉按钮，❷选择"24"选项。

3 表头数据加粗

保持D2单元格选择状态，单击"加粗"按钮或按【Ctrl+B】组合键，将表头数据加粗。

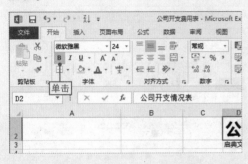

4 设置副表头格式

使用同样的方法设置副表头数据的"字体"为"微软雅黑"，"字号"为"12"，并将其加粗。

	B	C	D	E	F	G
2			公司开支情况表			
3			启典文化有限公司			
5	日期	费用项目	预算成本	实际成本	超过/低于	差额
6	1月	薪 金	42732	42732		
7		粗 金	2419	2150		26
8		水电费	4394	4879		-48
9		保险费	3592	3489		10
10		通讯费	1747	845		90
11		办公费	3173	6542		-336
12		旅差费	3074	2800		27
13		广告费	46932	45000		193
14	2月	薪 金	39324	39324		

② 设置标题行和数据主体格式

表头数据的格式设置完成后，就可以对标题行和数据主体部分的格式进行设置，由于在本表格中标题行和数据主题格式基本相同，所以将它们一起设置。

1 启动"设置单元格格式"对话框

❶选择标题行和数据主体数据区域，❷单击"字体"组中的"对话框启动器"按钮，打开"设置单元格格式"对话框。

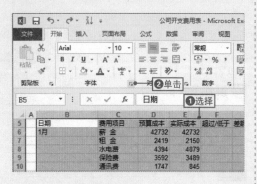

2 设置字体

❶在"字体"文本框输入"微软雅黑"，❷在"字形"列表框中选择"加粗"选项。

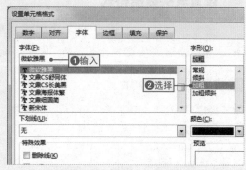

3 设置字号大小

❶在"字号"列表框中选择"10"选项。❷单击"颜色"下拉按钮。

4 设置字体颜色

❶选择35%的黑色对应选项，❷单击"确定"按钮。

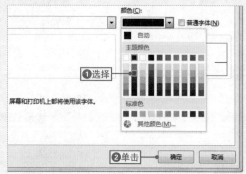

5 设置标题行字体颜色

❶选择标题行数据，❷单击"字体颜色"下拉按钮，❸选择"白色-背景1"选项。

3 新建并应用表格样式

除了通过功能面板中的按钮和"设置单元格格式"对话框来设置数据格式外，用户还可以来自己手动新建样式，然后在进行应用。

1 新建样式

❶单击"套用表格格式"下拉按钮，❷选择"新建表格样式"命令，打开"新建表样式"对话框。

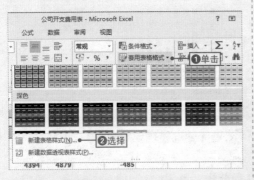

2 选择要设置表元素

❶选择"标题行"选项，❷单击"格式"按钮，打开"设置单元格格式"对话框。

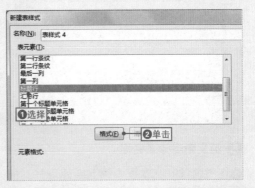

3 选择标题行填充色

❶单击"填充"选项卡，❷在"背景色"区域中选择"淡色25%的黑色"选项，单击"确定"按钮。

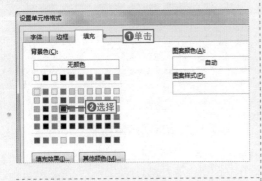

4 选择第一行条纹

返回到"新建表样式"对话框中，❶选择"第一行条纹"选项，❷单击"格式"按钮，打开"设置单元格格式"对话框。

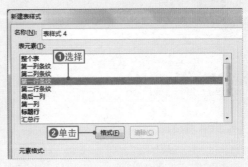

5 设置第一行条纹填充颜色

❶单击"填充"选项卡，❷在"背景色"区域中选择"深色50%的白色-背景色"选项，单击"确定"按钮返回"新建表样式"对话框中。

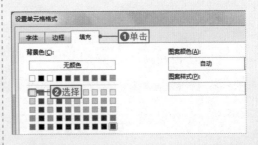

6 选择第二行条纹

❶选择"第二行条纹"选项，❷单击"格式"按钮，再次打开"设置单元格格式"对话框。

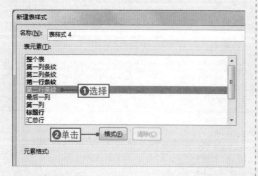

7 设置第二行条纹填充颜色

❶在"填充选项卡"中的"背景色"区域中选择"白色-背景色"选项，❷单击"确定"按钮返回"新建表样式"对话框中。

8 定义新建样式名称

❶在"名称"文本框中输入新建表样式的名称，❷单击"确定"按钮将其添加到套用表格样式选项中。

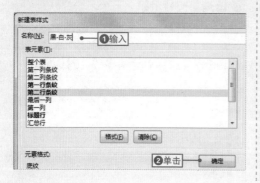

9 选择要设置表元素

❶单击"套用表格格式"下拉按钮，❷选择"黑-白-灰"选项，打开"套用表格式"对话框。

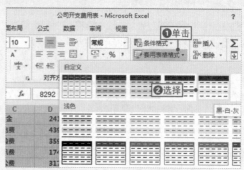

10 折叠对话框

单击"表数据的来源"文本框后的"折叠"按钮，折叠对话框。此时对话框名称已变成"创建表"。

11 选择应用格式的数据区域

❶选择B5:G29单元格区域，❷单击"展开"按钮，展开对话框。

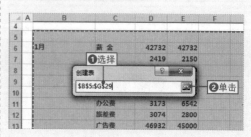

12 确认应用

❶选中"表包含标题"复选框，❷单击"确定"按钮，确认应用自定义创建的表格样式。

13 取消筛选按钮

❶单击"表格工具 设计"选项卡，❷取消选中"筛选按钮"复选框。

14 转换为区域

❶单击"转换为区域"按钮，打开提示对话框，❷单击"是"按钮将其转换为普通区域表格。

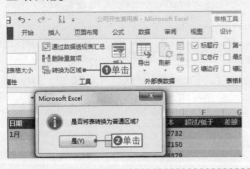

15 查看应用表格样式效果

返回表格中，即可看到指定区域已自动应用自定义创建的"黑-白-灰"表格样式效果。

A	B	C	D	E	F
5	日期	费用项目	预算成本	实际成本	超过/低于
6	1月	薪 金	42732	42732	
7		租 金	2419	2150	
8		水电费	4394	4879	
9		保险费	3592	3489	
10		通讯费	1747	845	
11		办公费	3173	6542	
12		旅差费	3074	2800	←查看
13		广告费	46932	45000	
14	2月	薪 金	39324	39324	
15		租 金	1302	1500	
16		水电费	3576	3589	

4　将表头数据和首列数据进行合并

　　在表格中可以明显看出表头数据的长度占到了3个单元格的宽度，首列中标志数据需要跨行来标志数据，而它们都可以通过合并单元格来实现。

1 合并主表头

❶选择D2:G2单元格区域，❷单击"合并后居中"下拉按钮，❸选择"合并单元格"选项。

2 合并标志数据

❶选择B6:B13单元格区域，❷单击"合并后居中"按钮，合并单元格。

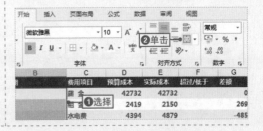

系统自动将B6:B13单元格合并成B3单元格，保持其选择状态，单击"格式刷"格式，复制格式。

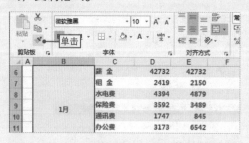

此时鼠标光标变成 ➕🖌 形状，选择B14:B29单元格区域。

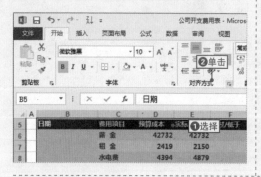

---

5 添加灰色边框线条分割数据

为了更好分清表格中的数据，可为其手动添加边框线条，以使各个数据区域分布明显，便于查看。

1 选定添加边框的区域

❶选择B5:G29单元格区域，❷单击"对齐方式"组中的"对话框启动器"按钮。

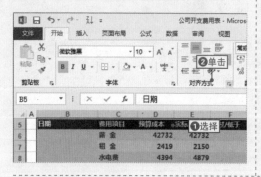

2 选择边框线条样式

打开"设置单元格格式"对话框，❶单击"边框"选项卡，❷选择线条样式。

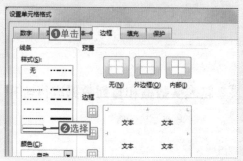

3 设置边框线条颜色

❶单击"颜色"下拉按钮，❷选择"白色，背景1，深色25%"选项，最后单击"确定"按钮确认。

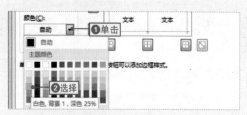

4 查看效果

返回工作表中即可查看手动添加边框后的效果。

A	B	C	D	E	F
5	日期	费用项目	预算成本	实际成本	超过/低于
6		薪 金	42732	42732	
7		租 金	2419	2150	
8		水电费	4394	4879	
9		保险费	3592	3489	
10	1月	通讯费	1747	845	
11		办公费	3173	6542	
12		旅差费	3074	2800	
13		广告费	46932	45000	

6　设置数据类型

专业的表格不仅是要设置数据字体、颜色、边框等，还要让其有专业数据类型。下面就将表格中的数据设置为货币类型。

1 选定设置数据类型区域

❶选择D6:G29单元格区域，❷单击"数字"组中的"对话框启动器"按钮。

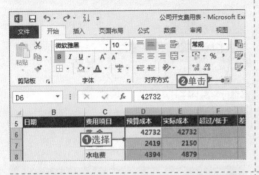

2 选择数据类型

打开"设置单元格格式"对话框，❶选择"货币"选项，❷设置"小数位数"保留2位。

3 选择货币符号

❶单击"货币符号（国家/地区）"下拉按钮，❷选择"￥"选项，❸单击"确定"按钮。

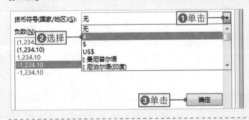

4 查看设置数据类型效果

返回工作表即可看到手动设置数据类型的效果。

7　为数据主体部分设置行高、列宽

在表格中设置数据类型后，可以看出表格中一些数据无法完全展示，而显示为####，这时就需要用户手动为其设置行高和列宽。

1 选择要调整列宽的列

将鼠标光标移到列标上，此时鼠标光标变成↓形状，❶按住鼠标左键不放，拖动鼠标选择C~G列，并在其上右击，❷选择"列宽"命令。

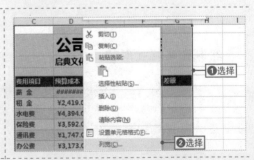

2 设置列宽

打开"列宽"对话框，❶在"列宽"文本框中输入"20"，❷单击"确定"按钮，确认设置。

3 选择调整行高的行

❶选择第5~29行，❷单击"格式"下拉按钮，❸选择"行高"命令。

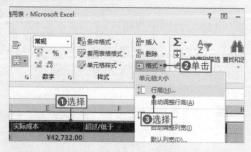

4 设置行高

打开"行高"对话框，❶在"行高"文本框中输入"19"，❷单击"确定"按钮，确认设置。

5 查看设置行高和列宽效果

返回工作表即可查看设置行高和列宽的效果。

费用项目	预算成本	实际成本	超过/低
薪 金	¥42,732.00	¥42,732.00	
租 金	¥2,419.00	¥2,150.00	
水电费	¥4,394.00	¥4,879.00	
保险费	¥3,592.00	¥3,489.00	
通讯费	¥1,747.00	¥845.00	
办公费	¥3,173.00	¥6,542.00	
旅差费	¥3,074.00	¥2,800.00	
广告费	¥46,932.00	¥45,000.00	
薪 金	¥39,324.00	¥39,324.00	

LESSON 03 绘制表头标志形状

对象是充实表格，以及使表格变得生动、有趣、个性的一大利器。只要用户能在表格中巧妙的加入各种对象，就能使表格整体加分不少，这样的表格会变很吸引人的眼球。

---

1 绘制表头样式形状

在Excel中，系统中有8类不同主题的形状。其中简单形状图形有6类，另外两类为复杂形状图形，用户可根据实际需要选择性地调用这些形状，充实表格，打破全数据的单调局面。

1 插入矩形形状

❶单击"插入"选项卡，❷单击"形状"下拉按钮，❸选择"矩形"形状选项。

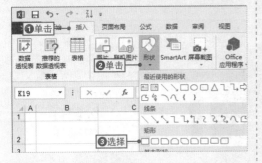

2 绘制矩形形状

此时鼠标光标变成➕形状，按住鼠标左键不放，拖动鼠标进行形状绘制，最后释放鼠标完成矩形绘制。

3 插入平行四边形形状

❶单击"形状"下拉按钮，❷选择"平行四边形"形状选项。

4 绘制平行四边形

此时鼠标光标变成➕形状，按住鼠标左键不放，拖动鼠标进行形状绘制，最后释放鼠标完成平行四边形形状的绘制。

2 编辑绘制的表头样式形状

在表格中绘制的形状，都是以默认的方式显示，用户可对其进行相应编辑，如边框样式、形状等，使其更加美观、更富个性。

1 激活并切换选项卡

❶在表格中选择"矩形"形状，❷单击"绘图工具 格式"选项卡，切换到该选项卡中。

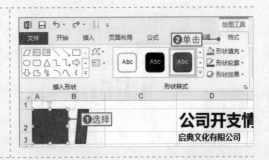

2 进入形状顶点编辑状态

❶单击"编辑顶点"下拉按钮，❷选择"编辑顶点"选项，此时形状四周出现编辑顶点。

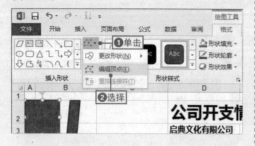

3 缩放区域

❶切换到"视图"选项卡中，❷单击"缩放到选定区域"按钮，将选择区域缩放到当前区域，以便于编辑。

4 编辑形状定点

将鼠标光标有移到矩形右下角的定点上，此时鼠标光标变成✥形状，按住【Shift】键的同时，拖动鼠标，调整定点位置。

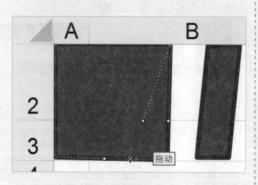

5 应用形状样式

❶单击"绘图工具 格式"选项卡，❷在"形状样式"列表框中选择"浅色轮廓1，彩色填充-红色，强点颜色1"选项。

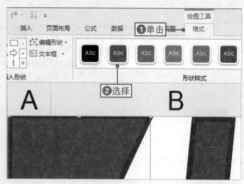

6 设置轮廓样式

❶单击"形状轮廓"下拉按钮，❷选择"无轮廓"选项，取消形状轮廓。

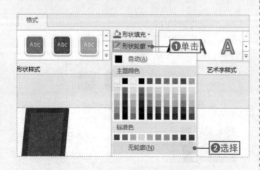

7 取消形状阴影

❶单击"形状效果"下拉按钮，❷选择"阴影/无阴影"选项，取消形状的阴影效果。

8 设置平行四边形形状样式

以同样的方法设置插入的平行四边形形状的顶点、形状样式等。

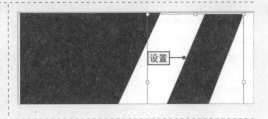

---

3 复制、对齐和组合形状

在表格中要使用多个相同的形状，并不是完全手动插入，然后再进行设置，其实可通过复制来快速实现，然后再对它们进行对齐和组合。

1 缩放显示比例

❶单击"视图"选项卡，❷单击"100%"按钮，使表格恢复到正常状态。

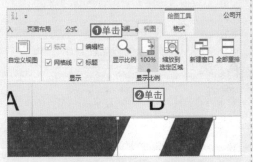

2 复制平行四边形形状

❶选择绘制的平行四边形形状，❷单击"开始"选项卡，❸单击"复制"按钮，复制形状。

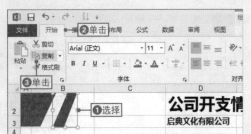

3 粘贴平行四边形形状

连续3次单击"粘贴"按钮，粘贴平行四边形形状。

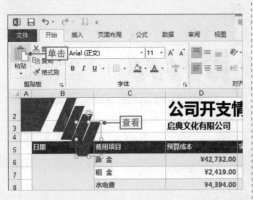

4 切换选项卡

❶在表格中选择创建的4个平行四边形形状，❷单击"绘图工具 格式"选项卡。

5 设置形状对齐方式

❶单击"对齐"下拉按钮，❷选择"顶端对齐"选项。

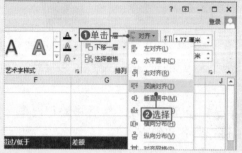

6 移动形状

选择最后一个平行四边形形状，按住鼠标左键不放将其拖动到合适位置。

7 选择所有形状

按住【Shift】键同时，依次单击所有的形状，将其选择。

8 移动形状

❶单击"对齐"下拉按钮，❷选择"横向分布"选项，平均分布形状的间距。

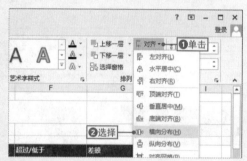

9 组合形状

保持各形状为选择状态，❶单击"组合"下拉按钮，❷选择"组合"选项。

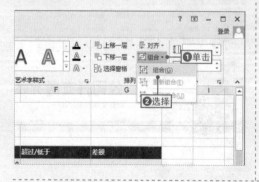

10 查看使用形状效果

在表格中即可查看使用形状充实表格的效果。

日期	费用项目	预算成本
	薪 金	¥42,732.00
	租 金	¥2,419.00
	水电费	¥4,394.00
	保险费	¥3,592.00
1月	通讯费	¥1,747.00
	办公费	¥3,173.00
	差旅费	¥3,074.00

LESSON 04　计算预算与实际开支数据

在商务活动中，都会对商务开支进行预算，然后根据实际的开支来支付，并将其记录为实际开支数据。最后还要计算实际开支是否超出预算以及超出多少，从而调整下一期的预算。

1 定义名称

在表格中对预算成本和实际成本两列数据进行操作，可以将这两列数据分别定义名称并与相应的标题行数据对应，以方便数据的计算和查看。

1 根据内容创建名称

❶选择D5:E29单元格区域，❷单击"公式"选项卡，❸单击"根据所选内容创建"按钮。

2 新建空白工作簿

打开"以选定区域创建名称"对话框，❶选中"首行"复选框，❷单击"确定"按钮。

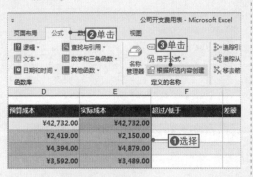

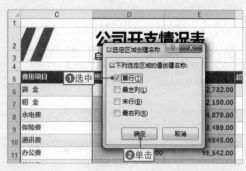

3 查看定义的名称

返回工作表中，单击名称框下拉按钮，即可查看定义的名称。

2 计算预算成本与实际成本的差额

定义相应的单元格名称后，用户可通过调用这些名称来参与预算成本与实际成本之间差额的计算，从而查看预算与实际成本的差距。

1 输入等号连接符

❶选择F6单元格，❷在编辑栏中输入等号"="。

2 调用单元格名称

❶单击"用于公式"下拉按钮，❷选择"预算成本"选项，调用"预算成本"数据。

3 完善公式

❶在编辑栏中输入减号"-"，❷单击"用于公式"下拉按钮，选择"实际成本"选项，完善公式。

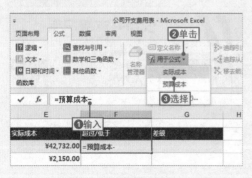

4 查看计算结果

按【Ctrl+Enter】组合键确认公式，并得出相应的计算结果。

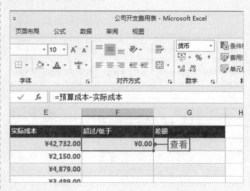

---

3 分别计算其他项目对应的预算与实际成本差额

我们在上一小节中使用名称参与公式计算，得出了1月份基本工资的预算与实际成本差额。下面我们可通过复制公式的方法来实现其他项目的实际成本与预算成本的差额。

1 复制公式

❶选择F6单元格，❷单击"开始"选项卡中的"复制"按钮，复制公式。

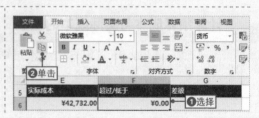

2 带格式粘贴公式

❶选择F6:G29单元格区域，❷单击"粘贴"下拉按钮，❸选择"公式和数字格式"选项，带格式粘贴公式。

3 查看实际差额

系统会自动计算出相应数据的预设成本与实际成本的差额。

E	F	G	H
实际成本	超过/低于	差额	
¥42,732.00	¥0.00	¥0.00	
¥2,150.00	¥269.00	¥269.00	
¥4,879.00	¥-485.00	¥-485.00	
¥3,489.00	¥103.00	¥103.00	
查看 ¥5.00	¥902.00	¥902.00	
¥6,542.00	¥-3,369.00	¥-3,369.00	
¥2,800.00	¥274.00	¥274.00	
¥45,000.00	¥1,932.00	¥1,932.00	
¥39,324.00	¥0.00	¥0.00	

Sheet1

LESSON 05 标志预算与实际差额状态

我们不仅可以将相应的预算与实际成本差额进行精确计算，还能使用一些图标来标明哪些项目在哪些日期是超支的，哪些项目没有超支，使用户一看就能明白。

1 使用图标集标志差额

要用图标标志预算成本与实际成本之间的数据是否超支，可通过使用红绿灯的方式来标志，其中使用绿灯表示没有超支，红灯表示超支。

1 快速应用图标集

❶在表格中选择F6:F29单元格区域，❷单击"条件格式"下拉按钮，❸选择"图标集"命令。

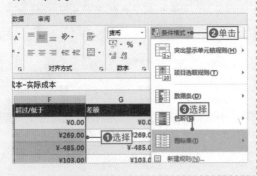

2 选择图标样式

在打开的子菜单中选择"三色交通灯（无边框）"选项，应用该类样式的图标。

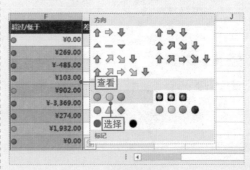

在表格中可以看出，系统应用的图标集并没有很好地对相应的数据进行标志，反而有点拥挤，此时用户可通过管理规则来使其简洁、明白。

① 管理条件规则

❶选择F6:F29单元格区域，❷单击"条件格式"下拉按钮，❸选择"管理规则"命令。

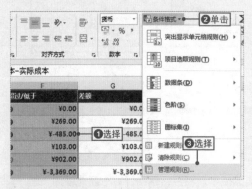

② 选择图标样式

打开"条件格式规则管理器"对话框，❶选择"图标集"选项，❷单击"编辑规则"按钮。

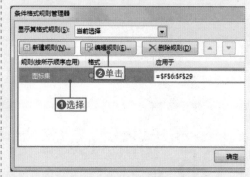

③ 管理条件规则

打开"编辑格式规则"对话框，选中"仅显示图标"复选框。

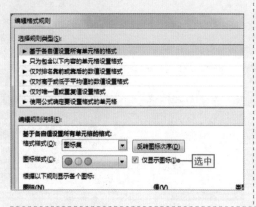

④ 更换黄灯图标样式

❶单击第二个黄灯图标下拉按钮，❷选择"无单元格图标"选项，去除此图标。

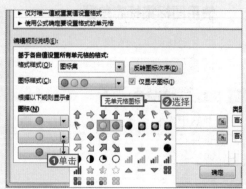

⑤ 更换数值类型

❶单击第一个"类型"下拉按钮，❷选择"数字"选项。

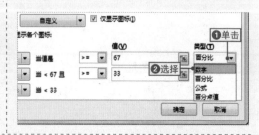

6 完成设置 ///////////////////////

❶单击第二个"类型"下拉按钮，❷选择
"数字"选项，❸依次单击"确定"按钮
确认设置。

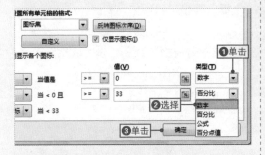

7 设置图标的对齐方式 ///////////////

❶选择F6:F29单元格区域，❷单击"对齐
方式"组中的"居中"按钮。

LESSON 06 对工作表环境进行设置

在公司全年开支工作簿中，需要将4个季度的相应数据全部放在其中以方
便查看，同时设置视图模式，而且还要对每一季度的数据进行保护，防止
其他人对数据进行随意修改，使数据失去真实性。

---

1 重新设置工作表名称和颜色加以区分

在工作簿中要放置4张工作表，从而放置不同季度的实际成本与预算成本，所
以需要将工作表进行命名并以不同的颜色区分。

1 重命名工作表 ///////////////////////

在工作表标签上双击，进入其编辑状态，
输入"一季度"，按【Enter】键确认，实
现工作表名称的重命名。

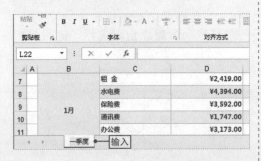

2 更改工作表标签颜色 ///////////////////

在工作表标签上右击，选择"工作表标签
颜色/深色25%的红色"选项，作为工作表
标签的底纹。

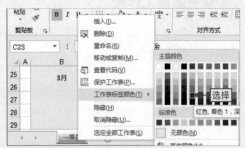

② 设置工作表的视图模式

在工作表中可以看出，创建表格的结构较为灵活且数据较多，此时用户可通过设置表格的视图模式，使其更加美观和方便查看数据。

1 选择拆分位置

❶选择第6行，❷单击"视图"选项卡，切换到该选项中。

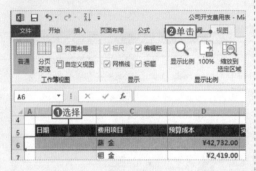

2 拆分表格

❶单击"冻结窗格"下拉按钮，❷选择"冻结拆分窗格"选项，拆分表格。

3 设置表格显示

❶取消选中"网格线"复选框，❷取消选中"编辑栏"复选框。

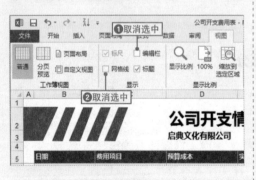

4 查看设置表格视图效果

在工作表中需选择任意单元格，滚动鼠标滑轮，查看效果。

③ 保护数据工作表

为了防止他人对工作表中的数据进行任意修改，可对工作表进行一定的保护措施，如将所有单元格锁定。

1 保护工作表

❶单击"审阅"选项卡，❷单击"保护工作表"按钮。

2 设置工作表保护密码 ////////////////////////

打开"保护工作表"对话框，❶在"取消工作表保护时使用的密码"文本框中输入密码，❷单击"确定"按钮。

3 确认密码 ////////////////////////////

打开"确认密码"对话框，❶在"重新输入密码"文本框中输入相同的密码，❷单击"确定"按钮。

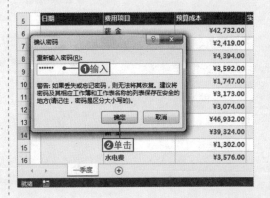

4 完善工作簿 /////////////////////////////

以同样的方法创建出第二季度、第三季度和第四季度的工作表。

CHAPTER 14

资产管理：固定资产管理系统

设备是公司或企业的固定资产之一，需要对其进行专业地管理，不允许有不明去向或登记不齐全的情况发生，以保证公司或企业的财产安全的同时，使其得到充分地利用。

流程展示

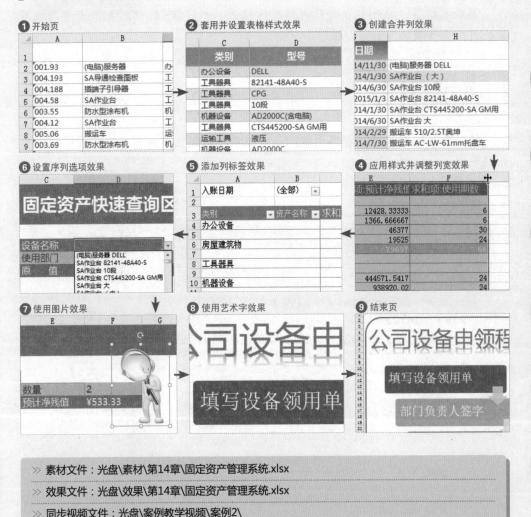

❶ 开始页
❷ 套用并设置表格样式效果
❸ 创建合并列效果
❻ 设置序列选项效果
❺ 添加列标签效果
❹ 应用样式并调整列宽效果
❼ 使用图片效果
❽ 使用艺术字效果
❾ 结束页

>> 素材文件：光盘\素材\第14章\固定资产管理系统.xlsx

>> 效果文件：光盘\效果\第14章\固定资产管理系统.xlsx

>> 同步视频文件：光盘\案例教学视频\案例2\

案例分析

◆ 结构分析：本例中的工作簿采用的是N并列结构，即分别以4张工作表来分别展示和设置不同的功能区。

◆ 内容分析：本工作簿中的主体内容部分是❻~❾，它们彼此呈并列关系，用户在实际制作过程中，可随意更改制作的工作簿的任意过程，但前提是能对本书的知识点熟悉掌握，这样也更适合用户的操作习惯。

◆ 风格分析：本例的风格偏商务类型，但为了不显得过于死板，在表头部分设置渐变填充方式来作为标题行底纹，如第❸页，同时在表格中突破常规的标题放置位置，来制作出特殊表格整体效果，如第❻页，然后加入卡通人物图片来充实表格，如第❼页。

同类拓展

针对本例制作的资产管理系统，还可以使用类似如下几种风格的表格样式来管理数据。

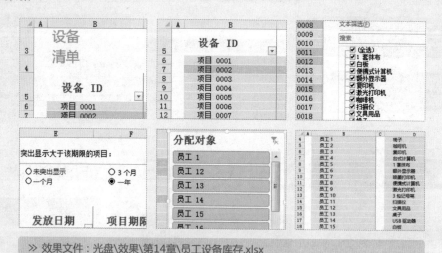

>> 效果文件：光盘\效果\第14章\员工设备库存.xlsx

>> 效果文件：光盘\效果\第14章\设备列表.xlsx

LESSON 01　完善固定资产表

固定资产表是公司或企业登记内部固定资产的明细表，所以它不仅要美观，还要让表格中的数据保持最新，不能出现有固定资产没有登记或没有来得急登记的情况，一定要将其完善。

1　添加固定资产数据

固定资产表中数据一定是要最完善和最新的，不能出现遗漏的情况，如有新数据一定要将其添加进去，以方便查看和管理。

1　切换工作表 //////////////

打开"固定资产管理系统"素材，❶单击"固定资产清单"工作表标签，❷在快速方位工具栏上右击，选择"自定义快速访问工具栏"命令。

2　切换区域 //////////////

❶单击"从下列位置选择命令"下拉按钮，❷选择"不在功能区中的命令"选项，切换区域。

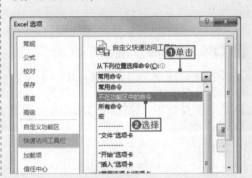

3　添加"记录单"命令按钮 //////////////

❶选择"记录单"选项，❷单击"添加"按钮，❸单击"确认"按钮。

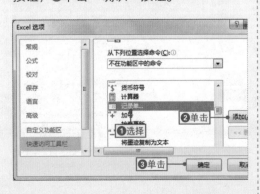

4　打开记录单对话框 //////////////

返回工作表即可看到访问工具栏上添加的"记录单"命令按钮，单击该按钮，打开记录单对话框。

5 添加新固定资产信息数据

❶单击"新建"按钮，❷在对应的文本框中输入相应的数据，❸单击"关闭"按钮关闭对话框。

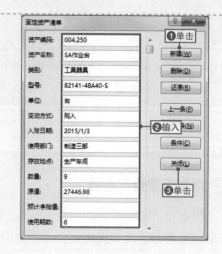

TIP 重新添加记录

在记录单对话框中，如要清除已输入的数据信息，可直接单击"还原"按钮来实现。

---

2 美化固定资产结构表

　　固定资产表中的数据本来就有很多，所以一定要让表格整体美观、整齐，这时就必须要对固定资产表进行美化。

1 套用表格样式

选择任意数据单元格，按【Ctrl+A】组合键选择表格数据区域，❶单击"套用表格格式"下拉按钮，❷选择"表格样式深浅样式6"选项。

2 切换区域

❶单击"表格工具 设计"选项卡，❷取消选中"筛选按钮"复选框。

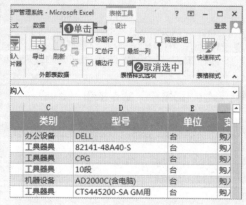

3 转化为普通表格

❶单击"转换为区域"按钮，❷在打开的提示对话框中单击"是"按钮，将套用格式的特殊表格转换为普通区域。

4 打开"设置单元格格式"对话框

❶选择A1:M1单元格区域，❷单击"字体"组中的"对话框启动器"按钮，打开"设置单元格格式"对话框。

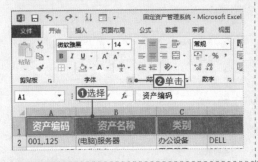

5 设置填充效果

❶单击"填充"选项卡，❷单击"填充效果"按钮。

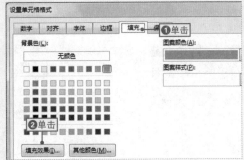

6 设置渐变颜色

分别设置"颜色1"和"颜色2"的填充颜色为"深色25%的橙色"和"淡色25%的橙色"。

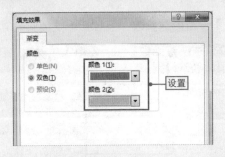

7 设置渐变填充方向

❶选择"水平"组中的自上向下的填充选项，❷单击"确定"按钮。

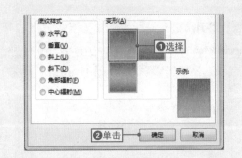

8 选择"使用期数"数据

❶选择M1:M154单元格区域，❷单击"数字"组中的"对话框启动器"按钮，打开"设置单元格格式"对话框。

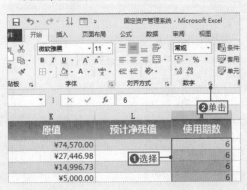

9 自定义数字类型

❶选择"自定义"选项，❷在"类型"文本框中的输入"G/通用格式 年"，按【Enter】键确认。

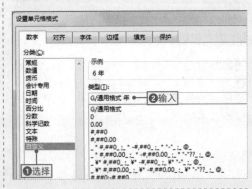

3 计算固定资产的预计净残值

固定资产会随着时间的推移而贬值，直到完全无法使用为止，但用户可通过简单的计算，得出它们固定折旧值或预计净残值。

1 插入函数

❶选择L2单元格，❷单击编辑栏中的"插入函数"按钮，打开"插入函数"对话框。

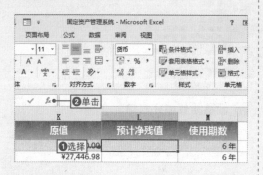

2 切换区域

❶在"搜索函数"文本框中输入搜索内容，❷单击"转到"按钮。

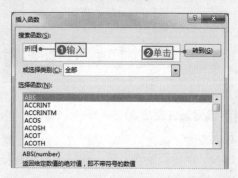

3 调用函数

❶在"选择函数"列表框中选择"SLN"选项，❷单击"确定"按钮，打开"函数参数"对话框。

4 设置函数参数

❶分别设置函数参数，❷单击"确定"按钮，确认设置。

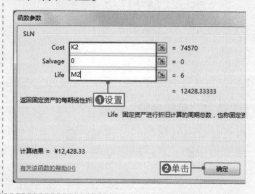

5 填充函数

将鼠标光标移到L2单元格的右下角，当鼠标光标变成加号形状时，按住鼠标左键不放拖动鼠标进行函数填充，并自动得出相应的计算结果。

原值	预计净残值	使用期数
¥74,570.00	¥12,428.33	6 年
¥27,446.98		6 年
¥14,996.73		6 年
¥5,000.00		6 年
¥13,037.50		12 年
¥3,200.00		6 年
¥1,400.00		6 年
¥27,120.80		12 年
¥12,528.56		6 年
¥1,400.00		6 年
¥188,910.28		2 年

6 设置填充选项

❶单击"自动填充选项"下拉按钮，❷选中"不带格式填充"单选按钮。

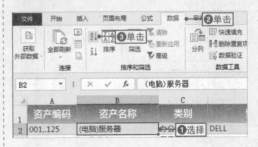

7 数据排序

❶选择B2单元格，❷单击"数据"选项卡，❸单击"升序"按钮。

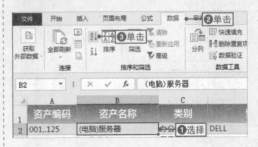

LESSON 02 分析固定资产使用情况

公司或企业购买固定设备，如办公、生产设备等，都是为了更好地生产，能够让设备最大化的使用，创造出最大的收益，从而实现价值。所以对公司或企业内部固定资产的使用情况分析就变得尤为重要。

1 创建数据透视表来分析固定资产的使用情况

在表格中的数据较多，不宜使用其他分析工具来分析，所以选择数据透视表是最合适不过的。

1 插入数据透视表

❶选择任意数据单元格，❷单击"插入"选项卡，❸单击"数据透视表"按钮。

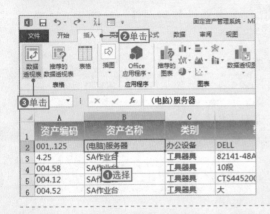

2 设置透视表放置位置

打开"创建数据透视表"对话框，❶选中"现有工作表"单选按钮，❷单击"位置"后的"折叠"按钮。

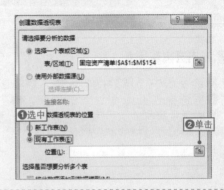

3 设置透视表放置位置

❶单击"固定设备使用情况分析"工作表标签，❷选择A1单元格，❸单击"展开"按钮展开对话框。

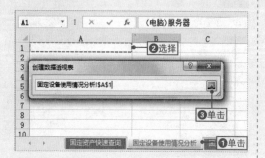

4 切换区域

展开对话框，直接单击"确定"按钮，确认设置并关闭对话框。

5 添加字段

在打开的"数据透视表字段"窗格中，选中相应的复选框，作为数据透视表的显示字段。

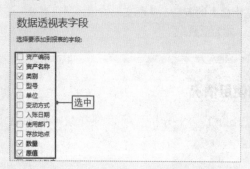

6 查看创建的数据透视表

返回工作表，即可查看创建的数据透视表。

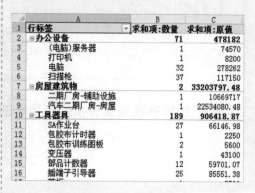

---

2 设置创建的数据透视表样式

在表格中，无论是哪种表格，都要体现出专业性和美观性，这样他人才有兴趣来查看，否则表格就显得很业余。

1 应用透视表样式

选择透视表中任意数据单元格，❶单击"数据透视表工具 设计"选项卡，❷在"数据透视表样式"列表框中选择"数据透视表中等深浅样式4"选项。

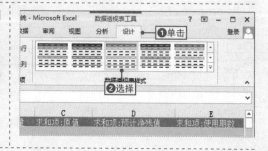

2 添加汇总项目

❶单击"分类汇总"下拉按钮，❷选择"在组的底部显示所有分类汇总"选项，在透视表中添加分类汇总项。

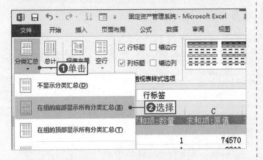

3 设置填充效果

❶单击"报表布局"下拉按钮，❷选择"以大纲形式显示"选项。

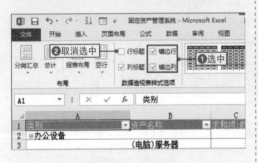

4 设置镶边样式

❶分别选中"镶边行"和"镶边列"复选框，❷取消选中"行标题"复选框。

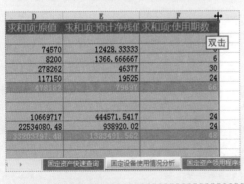

5 设置透视表标题字体

❶选择A1:M1单元格区域，❷在"开始"选项卡中分别设置字体、字号。

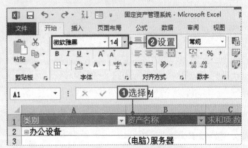

6 设置最合适列宽

选择第A~F列，将鼠标光标移到F与G列的交界上，此时鼠标光标变成"╋"形状，双击直至调整出最合适的列宽。

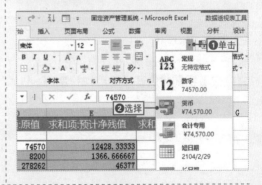

7 设置数字类型

❶选择D2:E92单元格区域，单击"数字"组中的下拉按钮，❷选择"货币"选项，更改数据类型。

Chapter 09
Chapter 10
Chapter 11
Chapter 12
Chapter 13
Chapter 14
Chapter 15

3 添加和折叠字段

除了对透视表外观样式的设置外，还需要对其进行结构的简化，同时能实现数据的轻松查看。

1 打开"数据透视表字段"窗格

在数据透视表上右击，选择"显示字段列表"选项，打开"数据透视表字段"窗格。

2 添加筛选字段

❶在"入账日期"字段上右击，❷选择"添加到报表筛选"选项，将其添加为筛选字段。

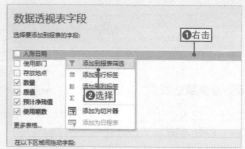

3 折叠所有字段

在任意数据单元格上右击，选择"展开/折叠"命令，在打开的子菜单中选择"折叠整个字段"选项。

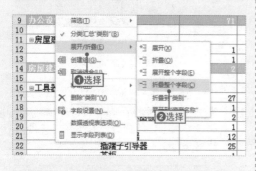

4 关闭窗格

❶单击"关闭"按钮关闭窗格，❷单击"数据透视表工具 分析"选项卡。

5 取消字段按钮

单击"显示"组中的"[+/-按钮]"按钮，将字段数据前的展开和隐藏按钮取消。

6 查看数据透视表效果

在工作表中即可查看设置的数据透视表效果。

LESSON 03 制作快速查询区域

固定资产表除了登记和分析已有的数据外，还有一项重要的功能，就是用来快速查询，如快速找到设备什么时候购买、现在用在哪里等信息，从而帮助用户轻松简便地找到相应的设备信息。

1 设置设备快速查询选项

我们在工作表中，设置查询下拉选项，主要是为了方便用户查询方便，不需要再手动输入，或因输入错误而找不到相关数据的情况。

1 输入合并项

❶单击下方的"固定资产清单"工作表标签，❷在N7单元格中输入"SA作业台（大）"，按【Ctrl+Enter】组合键。

¥4,574.50	6年
¥833.33	6年
¥533.33	6年
¥3,750.00	6年
¥1,333.33	6年
¥233.33	6年
¥233.33	6年
¥666.67	6年
¥700.00	6年

❷选择 SA作业台（大）

定资产领用程序表 | 固定资产清单 | ❶单击

2 制作合并列

❶单击"数据"选项卡，❷单击"快速填充"按钮，快速制作合并列。

3 切换工作表

❶单击"固定资产快速查询"工作表标签，❷选择D5单元格。

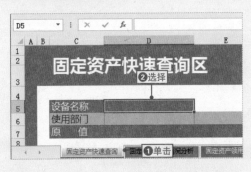

4 添加数据验证功能

❶单击"数据"选项卡中的"数据验证"按钮，打开"数据验证"对话框。

5 添加序列选项

❶单击"允许"下拉按钮，❷选择"序列"选项。

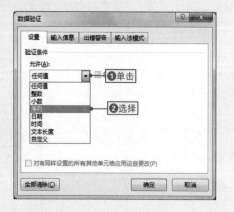

6 不允许空值出现

❶取消选中"忽略空值"复选框，❷单击"来源"文本框后的"折叠"按钮。

7 设置序列选项内容

❶单击"固定资产清单"工作表标签，❷在表格中选择N2:N154单元格区域，❸单击"展开"按钮。

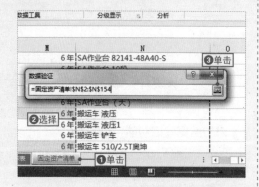

8 确认设置

展开对话框，直接单击"确定"按钮，确定设置并关闭对话框。

9 剪切列

❶切换到"固定资产清单"工作表中，❷选择N列，并在其上右击，❸选择"剪切"命令，将其剪切。

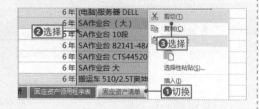

10 粘贴列

在H列数据区域上右击，选择"插入剪切的单元格"命令，粘贴列，实现列的移动。

11 查看添加的设备名称下拉选项

切换到"固定资产快速查询"选项卡，选择D5单元格，单击其右侧出现的下拉按钮，在打开的下拉选项中即可查看所添加的设备名称选项。

Chapter 09
Chapter 10
Chapter 11
Chapter 12
Chapter 13
Chapter 14
Chapter 15

2 使用函数自动查找设备对应的数据信息

在表格中添加下拉序列选项，是为了方便用户选择查询的设备，但它不能自动将设备对应的名称显示出来，需要函数配合使用才能实现。

1 切换选项卡

❶选择D6单元格，❷切换到"公式"选项卡中。

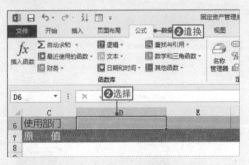

2 插入函数

❶单击"查找与引用"下拉选项，❷选择"VLOOKUP"选项。

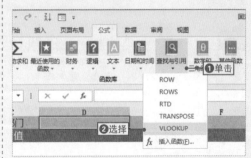

3 折叠对话框

打开"函数参数"对话框，单击"Table_array"文本框后的"折叠"按钮，折叠对话框。

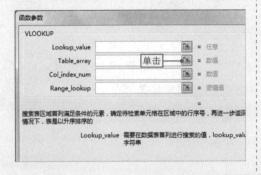

4 添加数据源

❶切换到"固定资产清单"工作表中，❷选择A1:M154单元格区域，❸单击"展开"按钮。

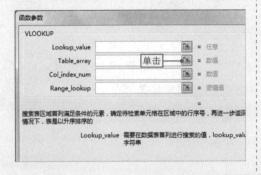

5 设置其他参数

❶分别在"Lookup_value"和"Col_index_num"文本框中输入"$D$5"和"8"，❷单击"确定"按钮。

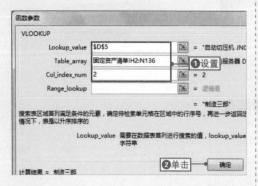

6 切换引用地址

保持D6选择状态，在编辑栏中选择"$H$2:$N$136"，按【F4】键将其转换为绝对引用，再按【Ctrl+Enter】组合键进行确认。

7 复制函数

保持D6选择状态，单击"复制"按钮，复制函数。

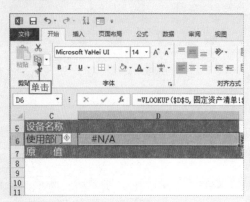

8 选择性粘贴

按住【Ctrl】键同时，选择F6、D7、F7单元格，❶单击"粘贴"下拉按钮，❷选择"选择性粘贴"命令。

9 选择粘贴方式

打开"选择性粘贴"对话框，❶选中"公式"单选按钮，❷单击"确定"按钮。

10 编辑函数

分别更改F6、D7、F7单元格中VLOOKUP()函数的col_index_num参数为4、5、6。

11 选择设备名称

❶选择D5单元格，❷单击其右侧出现的下拉按钮，❸选择相应的设备选项，查询相应的数据信息。

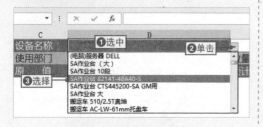

12 隐藏合并列

❶切换到"固定资产清单"工作表中，❷选择N列，并在其上右击，选择"隐藏"命令，将其隐藏。

3 使用图片丰富表格

在表格中，若只能查询表格，会让表格显得单调，此时可通过插入卡通人物来进行充实，同时增加表格的趣味性。

1 切换选项卡

❶切换到"固定资产快速查询"工作表中，❷单击"插入"选项卡，❸单击"图片"按钮。

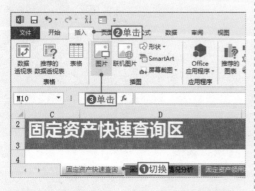

2 插入图片

打开"插入图片"对话框，❶选择要插入的图片，❷单击"插入"按钮。

3 设置图片大小

❶单击"图片工具 格式"选项卡，❷在"大小"组中的"高"数值框中输入"5"，按【Enter】键确认。

4 启动裁剪功能

保持图片的选择状态，单击"裁剪"按钮，进入图片裁剪状态。

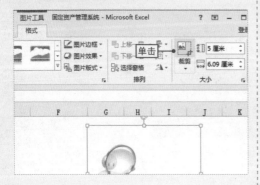

5 裁剪图片宽度

将鼠标光标移到图片右侧的控制柄上，按住鼠标左键不放，拖动鼠标，裁剪图片宽度，直到合适大小释放鼠标。

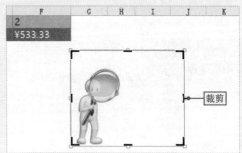

6 旋转图片

❶单击"旋转"下拉按钮，❷选择"水平翻转"选项，旋转图片。

7 裁剪图片高度

将鼠标光标移到图片上方的控制柄上，按住鼠标左键不放，拖动鼠标，裁剪图片高度到合适大小释放鼠标。

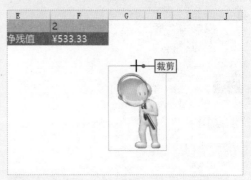

8 设置饱和度

❶单击"颜色"下拉按钮，❷选择"饱和度：200%"选项。

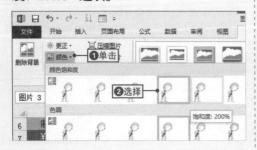

9 设置锐化

❶单击"更正"下拉按钮，❷选择"锐化:25%"选项。

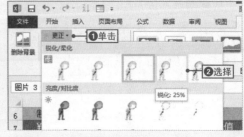

10 移动图片

在表格中任意位置单击，退出图片的编辑状态，并将其移到合适位置。

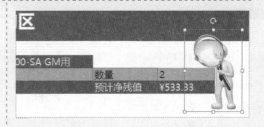

固定资产领用程序表

固定设备是公司的固定财产，属于公司所有，所以任何人要短时或长时间使用，都必须按照一定流程来申领，以保证不丢失设备，同时知道设备的用途也便于管理。

1 使用艺术字制作设备申领标题

在固定设备领用程序表中，需让领用程序结构的标题更加醒目和具有立体感。若表格数据不能很好地实现这一要求，这时可使用艺术字来实现。

1 切换选项卡

❶单击"固定资产领用程序表"工作表标签，❷单击"插入"选项卡。

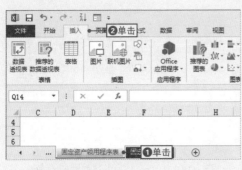

2 插入艺术字

❶单击"艺术字"下拉按钮，❷选择"水绿色渐变填充"选项。

3 设置艺术字内容

❶在艺术字文本框中输入"公司设备申领程序"文本，❷将其移到合适位置。

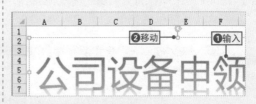

4 设置艺术字颜色

❶单击"文本填充"下拉按钮，❷选择"深色25%的橙色"选项。

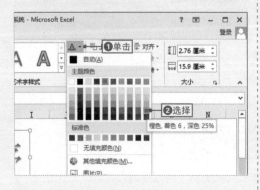

5 设置艺术字字体、字号

❶切换到"开始"选项卡中，❷分别设置字体和字号。

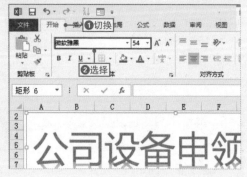

2 使用SmartArt图制作设备申领程序图

设备申领，必须按照规定的程序来执行，这样才能对设备进行更好管理，以避免出现设备不知去向的情况。

1 插入SmartArt图

要使用SmartArt图，❶单击"插入"选项卡，❷单击"SmartArt"按钮，打开"选择SmartArt图形"对话框。

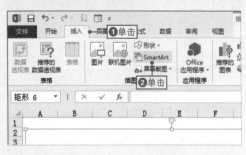

2 插入SmartArt图

❶选择"流程"选项，❷双击"交错流程"选项，插入SmartArt图。

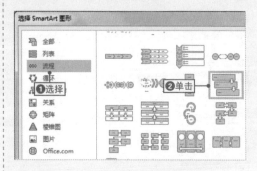

3 输入SmartArt图文本

选择SmartArt图，将鼠标光标移到控制柄上，按住鼠标左键不放，将SmartArt图移到合适位置释放鼠标，然后在SmartArt形状中输入相应的文本，单击表格中任意位置，退出SmartArt文本编辑状态。

4 调整形状大小

❶将SmartArt图调整到合适大小，❷单击"SMARTART工具 设计"选项卡。

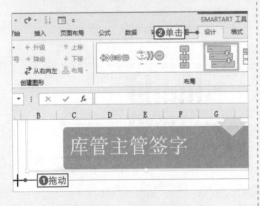

5 设置SmartArt图颜色

❶单击"更改颜色"下拉按钮，❷选择"彩色-着色"选项。

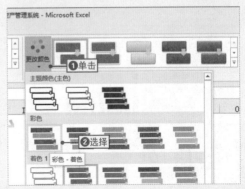

3 使用形状作为申领程序外边框

在表格中插入SamrtArt图和艺术字作为设备申领的程序的流程图的主体，虽然样式已确定，但它们看起来较为零散，此时需要一个外框来将它们联系成整体。

1 选择形状

❶单击"形状"下拉按钮，❷选择"圆角矩形"选项。

2 绘制和调整形状

❶绘制圆角矩形形状，❷将鼠标光标移到圆角形状的左上角的黄点上，拖动鼠标调整圆角大小。

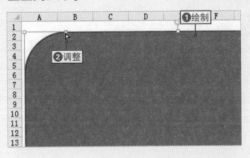

3 应用形状样式

❶单击"绘图工具 格式"选项卡，❷在"形状样式"列表框中选择"彩色轮廓紫色，强调颜色4"选项。

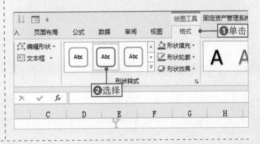

4 取消形状填充色 ||||||||||||||||||||||||||||||

❶单击"形状填充"下拉按钮，❷选择"无填充颜色"选项。

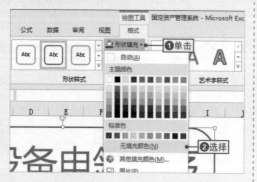

5 设置轮廓粗细 ||||||||||||||||||||||||||||||

❶单击"形状轮廓"下拉按钮，❷选择"粗细/3磅值"选项。

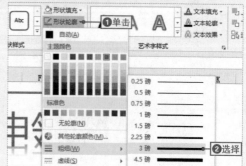

6 查看流程图效果 ||||||||||||||||||||||||||||||

在工作表中即可查看使用对象制作的设备申领流程图效果，完成整个固定资产管理系统的制作。

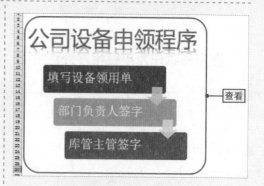

CHAPTER 15

业务分析：季度业务分析

公司或企业业务，特别是销售业务，是非常重要的业务之一，它从一定程度上决定了公司或企业的生存和发展状况，所以及时对销售业务数据进行管理和分析，是非常必要的。

流程展示

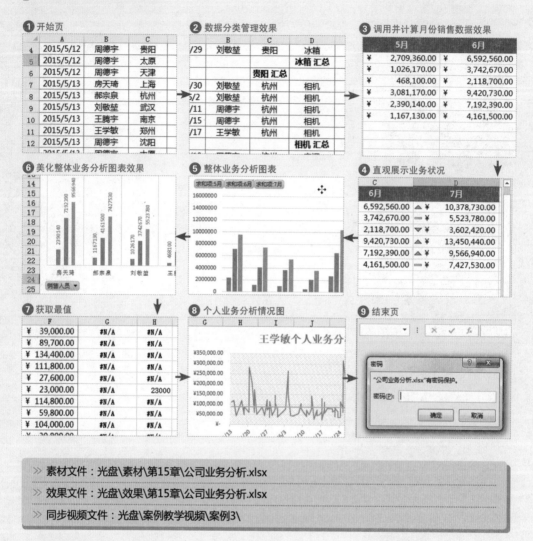

❶ 开始页

	A	B	C
4	2015/5/12	周德宇	贵阳
5	2015/5/12	周德宇	太原
6	2015/5/12	周德宇	天津
7	2015/5/12	房天琦	上海
8	2015/5/13	郝宗泉	杭州
9	2015/5/13	刘敬堃	武汉
10	2015/5/13	王腾宇	南京
11	2015/5/13	王学敏	郑州
12	2015/5/13	周德宇	沈阳

❷ 数据分类管理效果

	B	C	D
/29	刘敬堃	贵阳	冰箱
			冰箱 汇总
		贵阳 汇总	
/30	刘敬堃	杭州	相机
5/2	刘敬堃	杭州	相机
/11	周德宇	杭州	相机
/15	周德宇	杭州	相机
/17	王学敏	杭州	相机
			相机 汇总

❸ 调用并计算月份销售数据效果

5月		6月	
¥	2,709,360.00	¥	6,592,560.00
¥	1,026,170.00	¥	3,742,670.00
¥	468,100.00	¥	2,118,700.00
¥	3,081,170.00	¥	9,420,730.00
¥	2,390,140.00	¥	7,192,390.00
¥	1,167,130.00	¥	4,161,500.00

❻ 美化整体业务分析图表效果

❺ 整体业务分析图表

❹ 直观展示业务状况

6月		7月
6,592,560.00	▲ ¥	10,378,730.00
3,742,670.00	━ ¥	5,523,780.00
2,118,700.00	▼ ¥	3,602,420.00
9,420,730.00	▲ ¥	13,450,440.00
7,192,390.00	▲ ¥	9,566,940.00
4,161,500.00	¥	7,427,530.00

❼ 获取最值

	F	G	H
¥	39,000.00	#N/A	#N/A
¥	89,700.00	#N/A	#N/A
¥	134,400.00	#N/A	#N/A
¥	111,800.00	#N/A	#N/A
¥	27,600.00	#N/A	#N/A
¥	23,000.00	#N/A	23000
¥	114,800.00	#N/A	#N/A
¥	59,800.00	#N/A	#N/A
¥	104,000.00	#N/A	#N/A

❽ 个人业务分析情况图

❾ 结束页

>> 素材文件：光盘\素材\第15章\公司业务分析.xlsx

>> 效果文件：光盘\效果\第15章\公司业务分析.xlsx

>> 同步视频文件：光盘\案例教学视频\案例3\

案例分析

◆ 结构分析：本例中的工作簿采用的是从整体到局部的一个并列结构，即以8张工作表来分别管理和分析公司整体或个人业务情况。

◆ 内容分析：本工作簿中的主体内容部分是❷~❽，它们彼此呈并列关系，用户在实际制作过程中，可随意更改制作工作簿的任意过程，但前提是能对本书的知识点熟悉掌握，这样更适合用户的操作习惯。

◆ **风格分析：** 本例的风格偏商务类型，但为了不显得过于死板，基本上都是以数据与图表或图标结合的方式来展示和分析数据，如第❹页，同时表格的主色调以暖色为主，给人以积极向上、温暖的感觉。

同类拓展

　　针对本例的业务数据，还可使用类似如下的几种风格表格样式，来展示和分析数据。

≫ 效果文件：光盘\效果\第15章\基本销售报表.xlsx

≫ 效果文件：光盘\效果\第15章\产品价目单.xlsx

LESSON 01 季度业务管理

一段时间内，管理者需要对公司或企业的整体业务进行数据分类，如按城市、商品等字段数据分类，来对公司或企业的整体业务水平进行查看和管理，并发现其中的潜在问题，以及时做出相应的措施、策略。

1 创建源数据副本

原始数据是非常重要的，用户在对其进行管理和分析前，一定要保证不对其中的数据有任何更改或损害，所以用户最好是通过创建副本的方法来予以避免。

1 切换工作表

打开"公司业务分析"素材，❶单击"固定资产清单"工作表标签，并在其上右击，❷选择"移动或复制"命令。

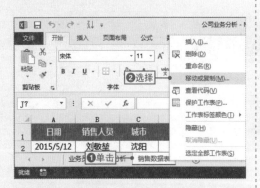

2 创建副本工作表

打开"移动或复制工作表"对话框，❶选择"销售数据表"选项，❷选中"建立副本"复选框，❸单击"确定"按钮。

3 重命名工作表

在创建的工作表副本工作表标签上，双击进入其编辑状态，输入"整体业务分析"文本，作为工作表名称。

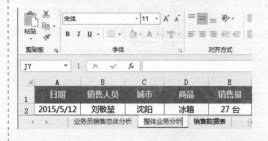

2 对副本数据源进行排序管理

创建副本数据源后，用户就可以对其进行排序的管理，使整个表格的结构变得清晰、整洁。

1 启动"排序"对话框

❶选择任意数据单元格，❷切换到"数据"选项卡中，❸单击"排序"按钮，打开"排序"对话框。

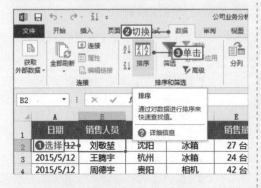

2 设置主要关键字

❶单击"主要关键字"下拉按钮，❷选择"城市"选项，将其作为排序的主要关键字字段。

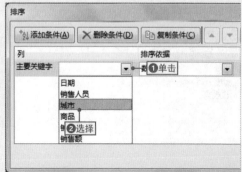

3 添加次要关键字

单击"添加条件"按钮，添加次要排序关键字。

4 设置次要关键字

❶单击"次要关键字"下拉按钮，❷选择"商品"选项。

5 设置排序方式

❶单击"次要关键字"的"次序"下拉按钮，❷选择"降序"选项，❸单击"确定"按钮。

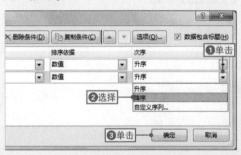

6 查看排序效果

返回工作表即可看到同时对"城市"和"商品"数据排序的效果。

C	D	E	F	G
城市	商品	销售量	销售额	
北京	相机	31 台	¥ 114,390.00	
北京	相机	48 台	¥ 177,120.00	
北京	相机	38 台	¥ 140,220.00	
北京	空调	31 台	¥ 86,800.00	
北京	空调	4 查看	¥ 117,600.00	
北京	空调	44 台	¥ 123,200.00	
北京	空调	17 台	¥ 47,600.00	
北京	空调	22 台	¥ 61,600.00	
北京	空调	27 台	¥ 75,600.00	
北京	空调	30 台	¥ 84,000.00	

Chapter 09
Chapter 10
Chapter 11
Chapter 12
Chapter 13
Chapter 14
Chapter 15

3 对整体业务进行分类管理

要对公司或企业的整体业务进行分类管理，可通过分类汇总功能来将相应的字段进行分类并汇总。

1 启动分类汇总

❶选择任意数据单元格，❷单击"分类汇总"按钮，打开"分类汇总"对话框。

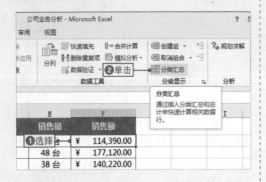

2 设置分类字段选项

❶单击"分类字段"下拉按钮，❷选择"城市"选项。

3 设置汇总项

❶选中"销售额"复选框，❷单击"确定"按钮。

4 创建多重分类汇总

单击"分类汇总"按钮，再次打开"分类汇总"对话框。

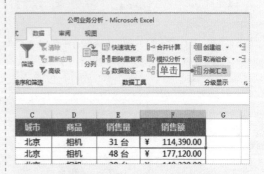

5 设置分类字段选项

❶单击"分类字段"下拉按钮，❷选择"商品"选项。

6 设置汇总项

❶取消选中"销售额"复选框，❷选中"销售量"复选框。

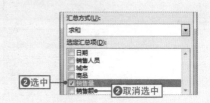

7 取消替换当前汇总

❶取消选中"替换当前分类汇总"复选框，❷单击"确定"按钮。

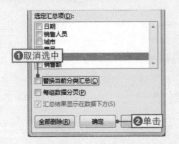

8 查看多重分类汇总效果

返回工作表即可查看对整体业务的分类汇总管理和分析的效果。

1 2 3 4		A	B	C	D
	85	2015/6/29	刘敬堃	贵阳	冰箱
	86				冰箱 汇总
	87			贵阳 汇总	
	88	2015/5/30	刘敬堃	杭州	相机
	89	2015/6/2	刘敬堃	杭州	相机
	90	2015/6/11	周德宇	杭州	相机
	91	2015/7/15	周德宇	杭州	相机
	92	2015/7/17	王学敏	杭州	相机
	93			相机 汇总	
	94	2015/5/19	周德宇	杭州	空调

LESSON 02 季度业务分析

对数据的管理，只能大体上看出各类产品数据在各个城市数据的销售量以及相应的销售额，如要从中看出该季度中各个业务员的总销量并对其进行分析，则需要一些简单计算并进行透视图分析。

1 计算并调用数据

要对整个季度的业务进行分析，可通过将每个业务员的总销售额进行求和合并，再对其进行相应的分析。

1 切换工作表

❶单击"业务员销售总体分析"工作表标签，❷选择B3单元格。

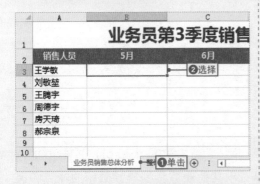

2 输入函数

展开编辑栏，输入函数"=SUM(IF(销售数据表!$A$2:$A$566<42156,IF(销售数据表!$B$2:$B$566=$A3,销售数据表!$F$2:$F$566)))"，按【Ctrl+Shift+Enter】组合键确认。

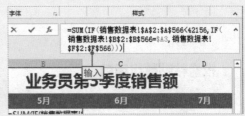

2 编辑并填充函数

在B3单元格中输入数组函数，得出相应的业务员的5月销售额总和并调用该数据，那么用户可直接将该数据函数复制到其他单元格中，再进行相应日期的更改，即可快速计算并调用其他相应的数据。

1 填充函数

将鼠标光标移到B3单元格的有右下角，当鼠标光标变成加号形状，按住鼠标左键不放，拖动鼠标到D3单元格进行填充。

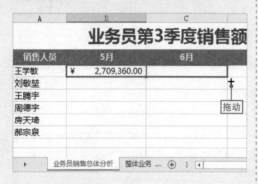

2 编辑函数参数

❶选择C3单元格，❷将文本插入点定位到编辑栏中，将"销售数据表!$A$2:$A$566<42156"更改为"销售数据表!$A$2:$A$566<42186"，按【Ctrl+Shift+Enter】组合键确认。

3 编辑函数参数

使用相同方法将D3单元格中数据函数的"销售数据表!$A$2:$A$566<42186"更改为"销售数据表!$A$2:$A$566<42217"，按【Ctrl+Shift+Enter】组合键确认。

4 查看第一组数组计算结果

在工作表中即可看到使用数据函数分别将"王学敏"业务员的月份销售额数据进行计算的结果。

3 批量粘贴数组函数

在上小节中，我们使用手动输入数组并对其进行相应的编辑后，得出了第一位业务员相应的月份销售额数据，所以对于其他业务员销售额数据的计算和调用，就可直接使用这些数组函数快速完成。

1 复制函数

❶选择B3:D3单元格区域，❷单击"复制"按钮复制数组函数。

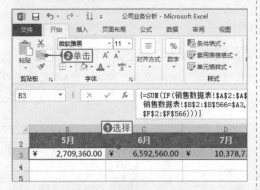

2 粘贴数组函数

❶选择B4:D8单元格区域，❷单击"粘贴"按钮粘贴数组函数。

3 查看效果

系统自动根据粘贴的数组函数调用和计算相应的业务员的销售额数据。

	销售人员		5月		6月	
3	王学敏	¥	2,709,360.00	¥	6,592,560.00	¥
4	刘敬堃	¥	1,026,170.00	¥	3,742,670.00	¥
5	王腾宇	¥	468,100.00	¥	2,118,700.00	¥
6	周德宇	¥	3,081,170.00	¥	9,420,730.00	¥
7	房天琦	¥	2,390,140.00	¥	7,192,390.00	¥
8	郝宗泉	¥	1,167,130.00	¥	4,161,500.00	¥

4 使用图标标注数据

计算出相应的业务销售额数据后，用户可以使用简洁的图标集来将数据的上升或下降以及持平情况明显地标注出来，帮助用户快速查看该季度员工具体的销售情况。

1 选择目标区域

❶选择B3:D3单元格区域，❷单击"条件格式"下拉按钮。

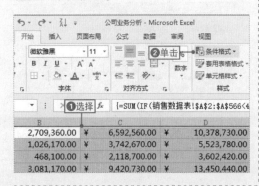

2 选择图标集

❶选择"图标集"命令，❷在打开的子菜单中选择"3个三角形"选项。

5 使用透视图分析数据

图标标注数据，只能对其大概的走势进行标明，但要对比或分析各个月份业务员的整体详细业务情况，只能通过图表来实现。下面就通过插入数据透视图来分析整个季度的业务情况。

1 切换选项卡 ////////////////

❶选择A2:D9单元格区域，❷单击"插入"选项卡。

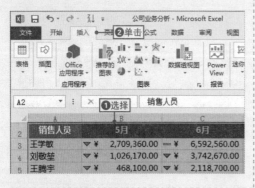

2 创建透视图 ////////////////

❶单击"数据透视图"下拉按钮，❷选择"数据透视图"选项，打开"创建数据透视图"对话框。

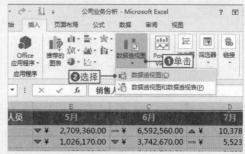

3 折叠对话框 ////////////////

❶选中"现有工作表"单选按钮，❷单击"位置"文本框后的"折叠"按钮。

4 选择透视表放置位置 ////////////////

❶在表格中选择A10单元格，❷单击"展开"按钮，展开对话框。

5 确认设置 ////////////////

返回"创建数据透视图"对话框，直接单击"确定"按钮确认。

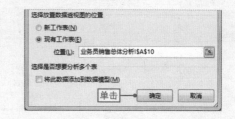

6 显示字段列表

在创建的透视表中的任意单元格上右击，选择"显示字段列表"命令，打开"数据透视表字段"窗格。

7 查看多重分类汇总效果

❶选中所有的复选框，为数据透视图表添加字段数据，❷单击"关闭"按钮，关闭窗格。

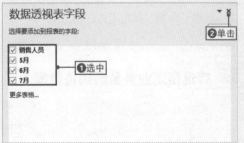

8 调整列宽

❶选择第A~D列，并将鼠标光标移到D列与E列的交界处，鼠标光标变成"┿"形状，❷双击自动调整列宽到合适状态。

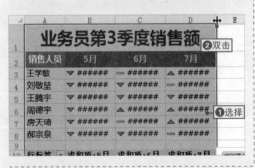

9 移动透视图位置

选择透视图，在鼠标光标ﾞ形状时，按住鼠标左键不放，拖动鼠标将图表移到透视表上，将其遮挡。

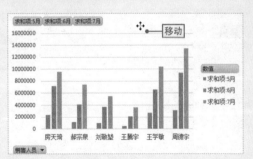

10 应用图表样式

保持图表的选择状态，❶单击"数据透视图工具 设计"选项卡，❷在"图表样式"列表框中选择"样式2"表选项。

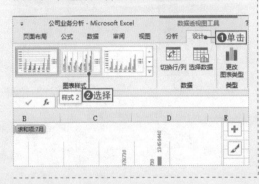

11 查看设置透视图效果

在数据透视图中，即可查看所设置的图表样式效果。

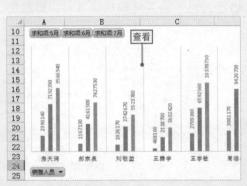

LESSON 03 个人业务分析

分析公司或企业的业务能力，除了对整体销售额进行分析外，还需要对每名个体业务员的业务进行分析，从而分析出每名业务员的业务能力、工作状态，并适时制定相应的措施。

1 筛选指定业务员的销售数据

要对指定业务员的业务能力进行分析，首先需要将其相应的销售数据提取出来，然后才能通过图表进行分析。下面就通过高级筛选来对相应的业务员销售数据进行筛选。

1 新建工作表

❶单击"新建工作表"按钮，新建工作表，❷对新建的工作表进行重命名。

2 移动工作表

将鼠标光标移到"王学敏"工作表标签上，此时鼠标光标变成形状，按住鼠标左键不放，拖动鼠标将其移动"整体业务分析"工作表之后。

3 设置筛选条件

❶在表格中输入高级筛选条件，❷单击"数据"选项卡，❸单击"高级"按钮。

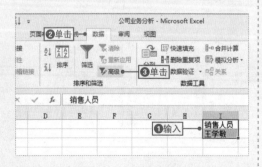

4 设置筛选结果放置方式

打开"高级筛选"对话框，❶选中"将筛选结果复制到其他位置"单选按钮，❷单击"列表区域"文本框后的"折叠"按钮，折叠对话框。

5 选择筛选区域

❶单击"销售数据表"工作表标签，❷在表格中选择A1:F566单元格区域，❸单击"展开"按钮，展开对话框。

6 设置筛选条件区域

❶将文本插入点定位到"条件区域"文本框中，系统自动切换到"王学敏"工作表中，❷选择输入的条件区域。

7 设置筛选结果放置位置

❶将文本插入点定位到"复制到"文本框中，在表格中选择A1单元格，❷单击"确定"按钮。

8 删除筛选条件区域

选择表格中输入的高级筛选条件单元格区域，按【Delete】键将其删除。

D	E	F	G	H	I
商品	销售量	销售额			销售人员
电脑	13 台	¥ 111,800.00		删除	王学敏
空调	42 台	¥ 117,600.00			
空调	15 台	¥ 42,000.00			
相机	32 台	¥ 118,080.00			
彩电	21 台	¥ 48,300.00			
彩电	38 台	¥ 87,400.00			
彩电	26 台	¥ 59,800.00			
电脑	33 台	¥ 283,800.00			
电脑	24 台	¥ 206,400.00			
空调	22 台	¥ 61,600.00			
相机	47 台	¥ 173,430.00			
空调	18 台	¥ 50,400.00			

2 制作最值和规定任务辅助列

在分析员工个人业务能力时，不仅要对整体趋势进行分析，还需要展示出他的最大和最小业务量以及与规定的任务完成的状况，从而综合分析该业务员的综合工作能力和状态。

1 输入辅助列字段标题

在工作表中分别在G、H和I列中手动输入"最大值"、"最小值"和"规定任务"文本作为标题字段名称。

E	F	G	H	I
销售量	销售额	最大值	最小值	规定任务
13 台	¥ 111,800.00			输入
42 台	¥ 117,600.00			
15 台	¥ 42,000.00			
32 台	¥ 118,080.00			

② 获取最大值

❶选择G2单元格，❷在编辑栏中输入函数"=IF(F2=MAX($F$2:$F$118),F2,NA())"。

销售量	销售额	最❷输入	最小值	规定任务
13 台	¥ 111,800.00	=IF(F2=MAX($F$2		
42 台	¥ 117,600.00			
15 台	¥ 42,000.00	❶选择		
32 台	¥ 118,080.00			
21 台	¥ 48,300.00			
38 台	¥ 87,400.00			
26 台	¥ 59,800.00			
33 台	¥ 283,800.00			
24 台	¥ 206,400.00			
22 台	¥ 61,600.00			

编辑栏：=IF(F2=MAX($F$2:$F$118),F2,NA())

③ 自动填充函数

按【Ctrl+Shift+Enter】组合键确认并得出结果，将鼠标光标移到G2单元格的右下角，当鼠标光标变成加号形状时，双击进行填充。

	D	E	F	G	H
1	商品	销售量	销售额	最大值	最小值
2	电脑	13 台	¥ 111,800.00	#N/A	
3	空调	42 台	¥ 117,600.00		
4	空调	15 台	¥ 42,000.00		
5	相机	32 台	¥ 118,080.00	双击	
6	彩电	21 台	¥ 48,300.00		
7	彩电	38 台	¥ 87,400.00		
8	彩电	26 台	¥ 59,800.00		
9	电脑	33 台	¥ 283,800.00		
10	电脑	24 台	¥ 206,400.00		
	空调	22 台	¥ 61,600.00		

④ 获取最小值

❶选择H2:H118单元格区域，❷在编辑栏中输入函数"=IF(F2=MIN($F$2:$F$118),F2,NA())"，按【Ctrl+Shift+Enter】组合键。

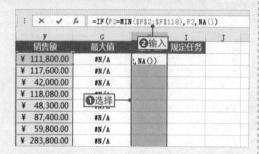

编辑栏：=IF(F2=MIN($F$2:$F$118),F2,NA())

销售额	最大值	❷输入 规定任务
¥ 111,800.00	#N/A	,NA())
¥ 117,600.00	#N/A	
¥ 42,000.00	#N/A	
¥ 118,080.00	#N/A	
¥ 48,300.00	#N/A ❶选择	
¥ 87,400.00	#N/A	
¥ 59,800.00	#N/A	
¥ 283,800.00	#N/A	

⑤ 输入规定任务数据

❶选择I2:I118单元格区域，❷在编辑栏中输入"87560"，按【Ctrl+Enter】组合键确认。

编辑栏：87560

销售额	❷输入	最小值	规定任务
¥ 111,800.00	#N/A	#N/A	87560
¥ 117,600.00	#N/A	#N/A	
¥ 42,000.00	#N/A	#N/A	
¥ 118,080.00	#N/A	#N/A	
¥ 48,300.00	#N/A	#N/A ❶选择	
¥ 87,400.00	#N/A	#N/A	
¥ 59,800.00	#N/A	#N/A	
¥ 283,800.00	#N/A	#N/A	

⑥ 转换数据类型

保持I2:I118单元格区域选择状态，❶单击"数字"组中的下拉按钮，❷选择"会计专用"选项。

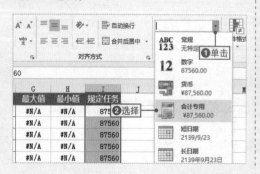

⑦ 删除数据列

选择B~E列数据单元格区域并在其上右击，选择"删除"命令将其删除。

B	C	D	E		G
销售人员	城市	商品	销售量	剪切(T)	大值
王学敏	郑州	电脑	13 台	复制(C)	N/A
王学敏	郑州	空调	42 台	粘贴选项:	N/A
王学敏	上海	空调	15 台		N/A
王学敏	贵阳	相机	32 台	选择性粘贴(S)...	N/A
王学敏	沈阳	彩电	21 台	插入(I)	N/A
王学敏	武汉	彩电	选择	删除(D)	N/A
王学敏	昆明	彩电	26 台	清除内容(N)	N/A
王学敏	太原	电脑	33 台	设置单元格格式(F)...	N/A
王学敏	南京	电脑	24 台	列宽(W)...	
王学敏	太原	空调	22 台	隐藏(H)	
王学敏	武汉	相机	47 台	取消隐藏(U)	

体业务分析 整体业务管理 王学敏 销售数据

③ 创建图表分析业务员个人能力

在将所有数据都准备妥当后，用户就可创建图表来对业务员的业务能力进行展示和分析。

1 选择图表数据源

❶选择任意数据单元格，按【Ctrl+A】组合键选择数据区域单元格，❷单击"插入"选项卡。

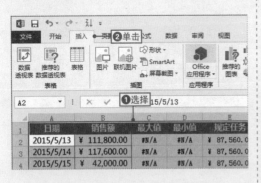

2 插入折线图

❶单击"插入折线图"下拉按钮，❷选择"折线图"选项，插入折线图。

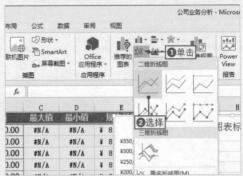

3 输入图表标题

将文本插入点定位到图表标题文本框中，删除原有的文本并输入"王学敏个人业务分析"文本作为标题。

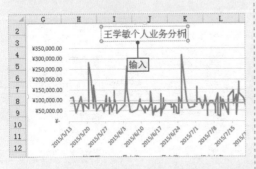

4 应用图表样式

❶切换到"图表工具 设计"选项卡中，❷在"图表样式"列表中选择"样式5"选项，快速应用图表样式。

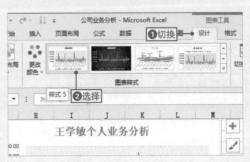

5 调整图表大小

选择整个图表，将鼠标光标移到图表的右下角控制柄上，此时鼠标光标变成双向箭头形状时，按住鼠标进行拖动调整图表大小直到合适状态释放鼠标。

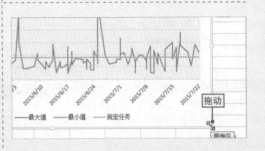

4 添加并设置坐标轴

在创建的图表中可以看出，图表可以添加一个次坐标轴来构成双坐标轴，同时需要将横坐标轴的日期格式进行设置，使其变得简洁，从而使图表整体显得专业、美观。

1 选择设置数据系列对象

❶选择"规定任务"数据系列，并在其上右击，❷选择"设置数据系列格式"命令。

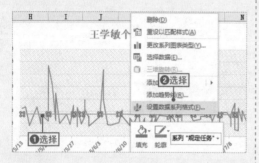

2 添加次坐标轴

在打开的"设置数据系列格式"窗格中选中"次坐标轴"单选按钮，单击"关闭"按钮。

3 设置次坐标轴刻度

❶在添加的次坐标轴上双击，打开"设置坐标轴格式"窗格，❷在"最大值"文本中输入"350000"。

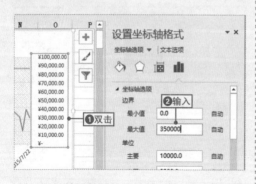

4 切换到横坐标轴

❶在图表中选择横坐标轴，❷展开"数字"选项卡。

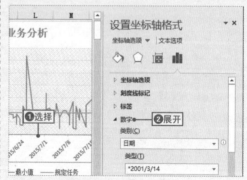

5 设置日期类型

❶单击"类型"下拉按钮，❷在下拉列表框中选择"3/14"选项，调整横坐标轴日期类型样式，最后关闭窗格。

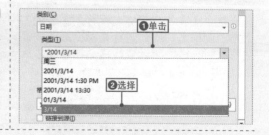

5 标明业务员的最值和规定任务数据

在图表中添加和设置坐标轴后，仍然不能很好地展示出业务员的个人业务能力，如最高业绩和最低业绩以及规定的任务量是多少，此时可通过数据标签来标明这些重要数据，以使图表更加直观地展示数据。

1 切换到图表格式选项卡中 ///////////////////

❶选择图表，❷单击"图表工具 格式"选项卡。

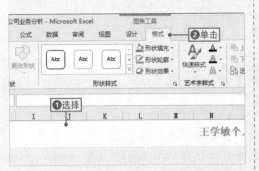

2 添加次坐标轴 ///////////////////

❶单击"当前所选内容"下拉按钮，❷选择"系列'最大值'"选项。

3 进入数据系列标记选项 ///////////////////

❶单击"设置所选内容格式"按钮，打开"设置数据系列格式"窗格，❷单击"填充线条"选项卡，❸单击"标记"按钮。

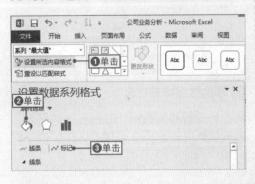

4 切换到横坐标轴 ///////////////////

❶展开"数据标记选项"选项卡，❷选中"内置"单选按钮。

5 设置标记形状 ///////////////////

❶单击"类型"下拉按钮，❷选择圆圈选项作为最大值的标记形状。

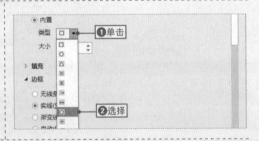

6 设置标注边框颜色

❶展开"边框"选项卡，❷单击"颜色"下拉按钮，❸选择"深红"选项。

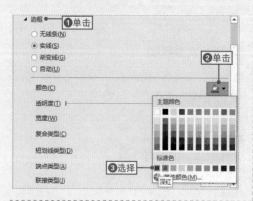

7 添加数据标签

在"最大值"数据系列上右击，选择"添加数据标签"命令，添加数据标签，标注最大业务数据。

8 标注最小值数据

以同样的方法标注出最小值数据系列，并添加数据标签。

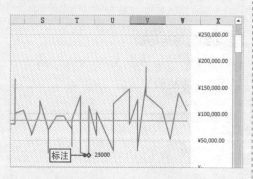

9 添加数据标签

在"规定任务"数据系列的任意数据点上右击，选择"添加数据标签"命令，添加数据标签。

10 设置数据标签形状

在添加的数据标签上右击，选择"更改数据标签形状/矩形标注"命令，添加数据标签。

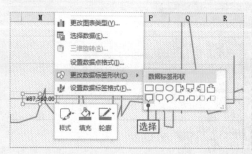

11 移动数据标签位置

将鼠标光标移到数据标签的形状边框上，此时鼠标光标变成✥形状，按住鼠标左键不放将其拖动到合适位置。

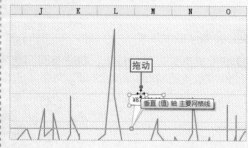

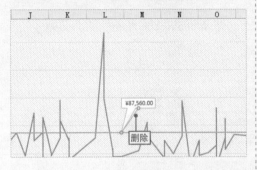

12 **删除引导线**

选择数据标签形状旁边的引导线，按
【Delete】键将其删除，完成操作。

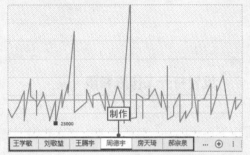

13 **分析其他人员的业务任务**

以同样的方法制作其他业务人员的相关图
表并分析数据。

LESSON 04　保护业务数据的真实完整

在公司或企业中，销售常被称为公司或企业的半壁江山，这样就可以知道
它的重要性，所以就要对其相关数据进行相应的保护，如查看权限、修改
数据权限等，以保证数据的完整真实。

1 保护业务源数据

　　本例中，无论是对公司整体业务或个人业务能力分析的数据，大都是通过对
源数据的引用而来，所以要对数据进行保护，可直接对源数据进行保护即可。

1 **切换到源数据工作表中**

❶单击"销售数据表"工作表标签，❷单
击"审阅"选项卡，❸单击"保护工作
表"按钮，打开"保护工作表"对话框。

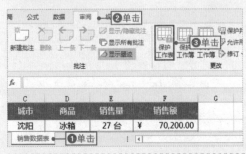

2 **设置工作表保护密码**

在文本框中输入密码，这里输入"1"，
按【Enter】键。

3 确认密码

打开"确认密码"对话框，❶在"重新输入密码"文本框中再次输入完全相同的密码，❷单击"确定"按钮确认密码，保护工作表。

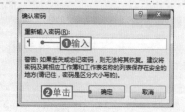

---

2 设置打开工作簿权限

业务数据是公司的重要数据之一，一般员工无法查看，而只有一定权限的指定人员才能查看，所以要为该工作簿设置打开权限。

1 为工作簿进行加密设置

通过"文件"选项卡进入BackStage界面，❶在"信息"选项卡中单击"保护工作簿"下拉按钮，❷选择"用密码进行加密"选项。

3 确认密码

打开"确认密码"对话框，❶在"重新输入密码"文本框中再次输入完全相同的密码，❷单击"确定"按钮确认密码，完成工作簿密码的设置。

2 设置工作表保护密码

打开"加密文档"对话框，❶在"密码"文本框中输入密码，这里输入"1"，❷单击"确定"按钮，打开"确认密码"对话框。

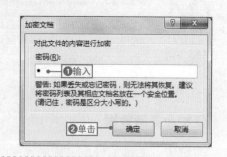

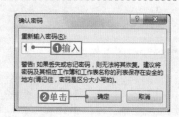

读 者 意 见 反 馈 表

亲爱的读者：

感谢您对中国铁道出版社的支持，您的建议是我们不断改进工作的信息来源，您的需求是我们不断开拓创新的基础。为了更好地服务读者，出版更多的精品图书，希望您能在百忙之中抽出时间填写这份意见反馈表发给我们。随书纸制表格请在填好后剪下寄到：北京市西城区右安门西街8号中国铁道出版社综合编辑部 王宏 收（邮编：100054）。或者采用传真（010-63549458）方式发送。此外，读者也可以直接通过电子邮件把意见反馈给我们，E-mail地址是：lych@foxmail.com我们将选出意见中肯的热心读者，赠送本社的其他图书作为奖励。同时，我们将充分考虑您的意见和建议，并尽可能地给您满意的答复。谢谢！

所购书名：_____

个人资料：

姓名：_____ 性别：_____ 年龄：_____ 文化程度：_____

职业：_____ 电话：_____ E-mail：_____

通信地址：_____ 邮编：_____

您是如何得知本书的：

□书店宣传 □网络宣传 □展会促销 □出版社图书目录 □老师指定 □杂志、报纸等的介绍 □别人推荐
□其他（请指明）_____

您从何处得到本书的：

□书店 □邮购 □商场、超市等卖场 □图书销售的网站 □培训学校 □其他

影响您购买本书的因素（可多选）：

□内容实用 □价格合理 □装帧设计精美 □带多媒体教学光盘 □优惠促销 □书评广告 □出版社知名度
□作者名气 □工作、生活和学习的需要 □其他

您对本书封面设计的满意程度：

□很满意 □比较满意 □一般 □不满意 □改进建议

您对本书的总体满意程度：

从文字的角度 □很满意 □比较满意 □一般 □不满意
从技术的角度 □很满意 □比较满意 □一般 □不满意

您希望书中图的比例是多少：

□少量的图片辅以大量的文字 □图文比例相当 □大量的图片辅以少量的文字

您希望本书的定价是多少：

本书最令您满意的是：

1.

2.

您在使用本书时遇到哪些困难：

1.

2.

您希望本书在哪些方面进行改进：

1.

2.

您需要购买哪些方面的图书？对我社现有图书有什么好的建议？

您的其他要求：